# ÉTUDE

## DES

# Sols de la Sarthe

PAR

## MARCHADIER

Directeur du Laboratoire de Chimie du Mans

## A. COULON

Ingénieur-Agronome

LE MANS

IMPRIMERIE PIERRE BLANCHET

5, RUE GAMBETTA, 5

1926

# ÉTUDE

DES

# Sols de la Sarthe

PAR

## MARCHADIER

Directeur du Laboratoire de Chimie du Mans

## et GOUJON

Ingénieur-Agronome

**LE MANS**

IMPRIMERIE PIERRE BLANCHET

6, RUE GAMBETTA, 6

—

1926

# INTRODUCTION

Les terres du département de la Sarthe sont réparties dans 40.000 exploitations environ. Dans chaque exploitation on rencontre souvent des terres de 2 ou 3 natures différentes, dont l'analyse devrait être faite séparément, si l'on désirait avoir toutes indications utiles pour l'emploi des engrais.

Une étude aussi détaillée de tous les sols représenterait près de 100.000 analyses. C'est un travail qui ne saurait être entrepris avec les moyens dont nous diposons ; mais, d'accord avec le Laboratoire de Chimie du Mans, nous avons pensé que, dans chaque région, il était deux ou trois types de terre bien caractérisés, dont il suffirait de connaître la constitution chimique, pour établir les bases de l'emploi rationnel des engrais.

Le problème étant ainsi posé et résolu, il deviendrait alors possible à tout cultivateur de classer ses terres dans les catégories mentionnées et de mettre en pratique les conseils donnés dans chaque cas particulier.

Un certain nombre d'échantillons de terre ont été prélevés par nos soins ; d'autres ont été adressés directement au Laboratoire pour leur compte personnel, par les propriétaires intéressés.

Le lieu de prélèvement des échantillons ayant été repéré, il nous a été facile de classer les terres par formations géologiques et de les rattacher à une région naturelle caractérisée.

## LES RÉGIONS NATURELLES DE LA SARTHE

Lorsqu'on examine la coupe des terrains, en partant de **Sillé-le-Guillaume pour se rendre à la Chartre-sur-le-Loir,** on rencontre successivement :

1° De la Mayenne à Saint-Rémy-de-Sillé, les **schistes et les grès** anciens ou primaires de la **Charnie.**

2° De Crissé à Domfront, **les calcaires secondaires** du Jurassique Moyen, constituant la **Champagne Mancelle.**

3° De Lavardin au Mans, les sables et argiles secondaires constituant les **sables et argiles du Cénomanien ou du Mans,** avec un petit îlot d'argile à silex au voisinage du Mans.

4° Du Mans à Ruaudin, des **alluvions sableuses des Vallées,** puis à nouveau, jusqu'à Brette, les **sables plus**

Fig. 1. — *Coupe générale de Sillé-le-Guillaume à La Chartre.*
(Echelle des longueurs 1 : 1.000.000)

XP. Schistes et grès anciens de la Charnie.
J I-IV Calcaires jurassiques de la Champagne Mancelle.
C 5a Sables, grès et argiles du Cénomanien ou du Mans.
C 6 Marne blanche et Calcaires crayeux.
ep Argile à silex des plateaux.
a 1 Alluvions sableuses des vallées.

ou moins **argileux du Mans,** dont il vient d'être parlé.

5° De Brette à la Chartre-sur-le-Loir, les **argiles à silex** des plateaux, avec des affleurements à flanc de coteau, des **marnes blanches ou de calcaire crayeux secondaires du Crétacé.**

En observant de la même façon une seconde coupe comprise entre la **vallée de la Sarthe, au Nord de la forêt de Perseigne, et la vallée de l'Huisne,**

6° De Courcival à Bonnétable, des **argiles sableuses du Cénomanien.**

7° Des **affleurements de marne blanche et de craie marneuse** secondaires du **Crétacé.**

8° De Bonnétable à Prévelle, des **argiles à silex des plateaux.**

Puis, à nouveau, les **sables et argiles du Cénomanien** et enfin les **alluvions des vallées.**

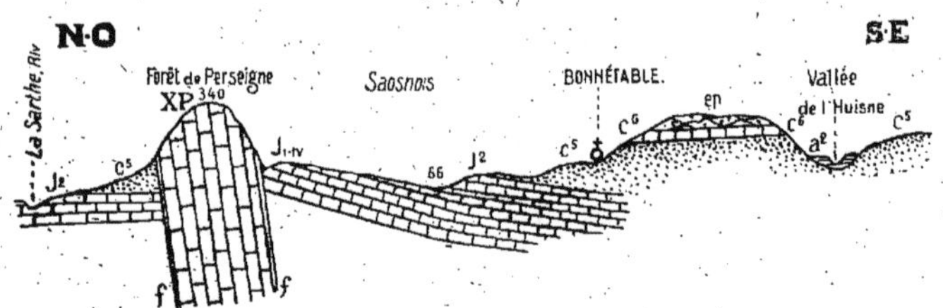


Fig. 2. — *Coupe à travers la Forêt de Perseigne et le Saosnois.*
(Échelle des longueurs 1 : 500.000 ; hauteurs très exagérées).

XP. Grès de la Forêt de Perseigne.
J I-IV Calcaires du Jurassique moyen analogues à ceux de la Champagne Mancelle.
J 1-2 Marnes et Calcaires jurassiques du Saosnois.
C 5 Sables et grès verts cénomaniens.
C 6 Marne blanche et craie marneuse.
ep Argile à silex des plateaux.
a 2 Alluvions des vallées.
F Faille.

en passant par Bonnétable, on y rencontre :

1° **Des marnes et calcaires secondaires** du Jurassique supérieur que l'on retrouve un peu plus loin.

2° **Des sables Cénomaniens ou du Mans,** près de la Fresnaye-sur-Chédouet.

3° **Les grès de la Forêt de Perseigne.**

4° Du Val à Panon, des **calcaires secondaires du Jurassique moyen** analogues à ceux de la Champagne mancelle.

5° De Saint-Calez-en-Saosnois à Courcival, des **marnes et calcaires secondaires du Jurassique supérieur,** constituant le **Saosnois.** (Nous verrons que le Belinois est de même origine).

En résumé, en laissant de côté quelques formations géologiques diverses, nous retrouvons dans l'ensemble :

1° Les schistes ou les grès anciens, analogues à ceux de la **Charnie ;**

2° Les calcaires du Jurassique moyen de la **Champagne Mancelle ;**

3° Les marnes et calcaires du Jurassique supérieur du **Saosnois et du Belinois ;**

4° Les sables et argiles du Cénomanien ou **sables et argiles du Mans ;**

5° Les argiles à silex des plateaux ou **argiles à silex de Saint-Calais ;**

6° Les **alluvions des vallées.**

****

Est-il possible de caractériser au point de vue chimique les sols des régions ainsi déterminées ? C'est ce que MM. Marchadier, Directeur du Laboratoire de Chimie du Mans, et Goujon, Ingénieur-agronome, ont bien voulu nous dire dans l'étude qu'ils ont entreprise.

Nous laissant le soin d'en interpréter les résultats, MM. Marchadier et Goujon ont poursuivi leurs travaux en deux étapes :

La première, qui porte sur près de 150 échantillons de terre, a permis de préciser la constitution chimique des sols dans chacune des régions naturelles au point de vue de l'azote, de l'acide phosphorique, de la potasse et de la chaux.

La seconde, limitée à la teneur en chaux qui, ainsi que nous ne cessons de le répéter, conditionne l'emploi des engrais, s'appuie sur l'examen de plus de 1.000 échantillons de terre.

L'étude des sols au point de vue de la chaux a pu être assurée grâce au concours de l'Inspection Académique et des Directeurs ou Directrices d'Ecoles.

Qu'il nous soit permis de leur adresser, ainsi qu'à MM. Marchadier et Goujon, nos remerciements les plus sincères.

P.-F. LÉVEQUE,

Directeur des Services Agricoles.

# ETUDE

DES

# Sols de la Sarthe

PAR

MARCHADIER

Directeur du Laboratoire de Chimie du Mans

ET GOUJON

Ingénieur-Agronome

## ÉTUDE DES SOLS AU POINT DE VUE CHIMIQUE

### 1. - Pourquoi nous devons faire analyser nos terres arables.

La fumure rationnelle dépend des besoins de la plante et des ressources assimilables du sol. Elle est destinée à établir l'équilibre entre les premiers et les dernières.

La connaissance du sol est donc indispensable pour déterminer la fumure.

C'est ce que proclamait déjà Olivier de Serres, qui écrivait, en l'an 1.600 : **« Le fondement de l'agriculture est la connaissance des terroirs que nous voulons cultiver. »**

Aussi, n'hésitons pas à faire analyser nos terres.

### POUR CONNAITRE LES DISPONIBILITÉS DES SOLS

Tous les éléments ne possèdent pas la même valeur agronomique : la potasse des roches feldspathiques, peu tasse des roches feldspathiques, peu soluble dans l'eau, s'assimile moins bien que la potasse des argiles.

La chaux des silicates a moins de valeur que celle des carbonates ou des humates, des sulfates ou des phosphates.

L'acide phosphorique, le plus précieux de nos fertilisants, perd toutes ses qualités **dès qu'en l'absence de chaux**, il se combine au fer ou à l'alumine pour donner des phosphates insolubles.

C'est pourquoi nous devons, avant tout, demander à l'analyse, de nous préciser les disponibilités latentes de nos sols de culture, pour savoir déterminer ensuite leurs véritables besoins.

### LES ENGRAIS CHIMIQUES SONT CHERS, IL FAUT DONC NE LES EMPLOYER QU'A BON ESCIENT.

Nous devons tout faire, pour maintenir, et, ce qui est mieux encore, pour augmenter la fertilité naturelle de nos terres arables. Il ne faut pas hésiter à employer les engrais chimiques à forte dose.

Mais, tout comme l'industriel, l'agriculteur doit apprendre à tenir compte de ses prix de revient et n'employer que **les engrais les plus efficaces aux doses les meilleures.**

## DANS UNE TERRE DÉCALCIFIÉE, LES ENGRAIS CHIMIQUES NE PRODUISENT PLUS D'EFFET AUSSI UTILE.

Il est en particulier un élément dont nous devons tenir grand compte, tellement est importante l'action qu'il exerce dans les sols ; c'est le **calcaire.**

En son absence, les sels ammoniacaux, sulfates ou chlorures ne peuvent plus être transformés en carbonate d'ammoniaque, qu'absorbent l'argile et l'humus, et risquent de ne pas être utilisés.

Sans calcaire, les engrais potassiques ne sont plus transformés en carbonate de potasse, seul sel vraiment actif.

Enfin, dans les terres décalcifiées, nous voyons les superphosphates former des phosphates d'alumine et de fer, sans valeur pour nos cultures.

En résumé, tant que nous n'aurons pas en ce cas fait les chaulages nécessaires, mettre des engrais en de tels sols, sera dépenser notre argent en pure perte.

## LA CHAUX EST L'INTERMÉDIAIRE INDISPENSABLE ENTRE LES ENGRAIS, LE SOL ET LA PLANTE.

La question de la chaux a une importance fondamentale.

C'est à la chaux que nous ferons appel quand la flore naturelle révèlera une acidification contraire à nos intérêts.

C'est la chaux qui sera conseillée dans toute terre fatiguée où, malgré tous les efforts on ne retrouve plus les belles récoltes d'antan.

C'est la chaux que l'on emploiera quand les engrais chimiques ne donneront plus les bons résultats escomptés.

C'est la chaux, enfin, qui servira à ameublir les terres en lesquelles les engrais potassiques où le nitrate de soude déterminent la formation de croûtes superficielles, préjudiciables à l'aération.

Il serait, par suite, dangereux de continuer à ignorer cette grande vérité agricole :

**Sans engrais, pas de rendements rémunérateurs, mais, sans chaux, les engrais ne produiront jamais leur plein effet.**

## ACIDIFICATION ET TERRES ACIDES

Les agronomes se sont aperçus, en effet, qu'à côté de l'acidité organique des terres tourbeuses, il existe une acidité minérale qui peut se manifester insidieusement dans les sols les plus fertiles. Il s'agit là d'une véritable maladie qui évolue lentement.

Au début les récoltes, qui poussent en ces terrains, se montrent plus sensibles aux pluies et aux sécheresses.

Les plantes y présentent une couleur plus pâle, elles jaunissent prématurément et se recouvrent de taches blanches. Quand la maladie progresse, les tiges et les feuilles se ramollissent et se dessèchent.

Il importe donc de procéder à l'analyse pour déceler à temps cette curieuse maladie et apporter les remèdes nécessaires. On doit assainir les terres comme on assainit les villes et les villages.

## LE CHAULAGE DOIT ÊTRE SCIENTIFIQUE

On hésita trop longtemps à entreprendre les études analytiques préliminaires qui, seules, peuvent nous permettre de procéder à des chaulages rationnels, proportionnés aussi exactement qu'il est possible, aux besoins des terres.

Dans une **terre forte**, très argileuse, la chaux qui en améliorera l'état physique libérera aussi des quantités appréciables de potasse assimilable. Elle jouera à la fois le rôle d'un amendement et d'un véritable engrais potassique.

Au contraire, dans une **terre légère**, nous agirons prudemment en ne chaulant jamais sans compenser, par de copieux apports de potasse, les quantités de cet élément que nous aurons libérées.

Voilà donc deux cas extrêmes, où la fumure à conseiller sera différente, si nous tenons compte des résultats nuisibles qui proviendraient de chaulages inconsidérés.

Nous devrons donc chauler modérément, sans engager l'avenir, à la façon de ces prodigues qui dilapident leur capital sans se soucier du lendemain.

Cependant, au-dessous de la dose minima, nécessaire pour donner au sol une réaction basique, la chaux ne peut réaliser toutes nos espérances.

Quand nous nous trouvons en face de sols acides, nous devons donc rechercher les doses nécessaires à cette saturation.

Certaines méthodes d'analyse nous permettent d'y parvenir aujourd'hui avec une précision suffisante.

### EN VENDANT SES RÉCOLTES, L'AGRICULTEUR VEND UN PEU DE SA TERRE.

En résumé, pour compléter nos terres, et pouvoir, avec le maximum de sécurité et d'économie leur apporter les éléments qui leur manquent, force est de nous appuyer sur la chimie et l'analyse pour obtenir toutes les précisions nécessaires.

Pour ne pas aliéner son capital, l'agriculteur qui, en vendant ses récoltes, vend un peu de sa terre, doit donc envisager en plus des fumures de fond, appropriées au sol, des fumures d'entretien, appropriées à chaque culture.

### L'ANALYSE ET LES FUMURES D'ENTRETIEN

Tous les végétaux, en effet, manifestent certaines préférences que, seule, l'analyse peut préciser.

La betterave et la pomme de terre absorbent plus de potasse que les céréales.

Ces dernières savent se contenter de doses de chaux que des légumineuses trouveraient insuffisantes.

Pour obtenir le maximum de résultat, nous devrons savoir satisfaire à toutes ces exigences.

L'analyse nous le permettra en nous montrant comment proportionner nos dépenses aux résultats. Grâce à elle, nous pourrons, sans plus de travail et sans plus de dépenses, apprendre à tirer un meilleur parti de notre sol et à augmenter nos rendements.

## 2. – De la constitution chimique des terres arables.

Le sol est un composé très complexe. Les éléments les plus importants que l'on y trouve sont :

    l'Azote,
    l'Acide phosphorique,
    la Potasse,
    la Chaux.

### L'AZOTE DES TERRES ARABLES

L'azote est le constituant le plus essentiel de la cellule végétale. Il compose le gluten de nos céréales, la légumine des légumineuses. La nutrition azotée est donc d'une importance extrême.

Nombreux sont les microorganismes qui peuvent puiser directement dans l'atmosphère, l'azote qu'il renferme, pour ensuite, le fixer dans des combinaisons organiques. Il existe des bac-

/téries ou des algues qui, isolément ou en association, travaillent sans répit à l'enrichissement du sol.

Mais ces seules ressources ne peuvent suffire pour assurer une fertilisation indéfinie de nos cultures. Les expériences de plus en plus nombreuses, sont venues montrer les bons effets des sels azotés de forme nitrique ou ammoniacale. Nous ne devrons donc pas hésiter à employer ces sels.

Mais comment saurons-nous qu'une terre a « faim d'azote ? »

Les agronomes nous apprennent qu'une terre, de fertilité moyenne, contient par kilo, un gramme d'azote. Si nous admettons que la couche arable possède une épaisseur de 0 m. 20. cela nous donne de 2 à 5.000 kilos d'azote pour nos végétaux par hectare.

Ces teneurs ne doivent cependant pas nous en imposer. L'azote ainsi dosé ne peut être entièrement utilisé sous cette forme. Pour arriver à l'assimiler, le végétal devra le transformer. Une récolte qui n'exporte que quelques centaines de kilos d'azote par hectare tirera le plus grand profit d'engrais azotés facilement assimilables.

Quand l'analyse nous indiquera des teneurs inférieures à cette moyenne, l'emploi des engrais azotés sera à conseiller en quantités plus fortes encore.

Ce déficit d'une terre en azote se révèle nettement par l'aspect même des récoltes. Lorsqu'au printemps nous voyons les céréales prendre une coloration jaunâtre et conserver des feuilles chétives, n'hésitons plus ; il est grand temps de fournir à la plante l'azote qui lui manque.

## L'ACIDE PHOSPHORIQUE
## DES TERRES ARABLES

Après l'azote, le phosphore est l'élément qui joue le rôle le plus important dans la physiologie du végétal.

Nous savons que **sans phosphore, il n'est pas de développement normal possible pour la plante.**

Tous les végétaux, en effet, renferment du phosphore. Seule la proportion varie dans les limites assez étendues, suivant l'organe analysé. C'est aussi l'élément par excellence des tissus jeunes et des graines qui peuvent en renfermer jusqu'à près de 50 % de leurs cendres (grain de blé : 48,94).

Au début de la croissance, l'acide phosphorique intensifie aussi la formation de la racine et, ceci nous aide à comprendre l'action particulièrement remarquable exercée par les engrais phosphatés dans tous les terrains où la sécheresse est à redouter.

Plus tard, à une phase plus avancée de la vie de note végétal, c'est encore l'acide phosphorique qui intervient pour, en accélérant le processus de la maturation, mettre nos cultures à l'abri d'accidents redoutables comme l'échaudage et la rouille.

Enfin c'est lui qui donne aux tiges une grande résistance à la flexion, ce qui est encore le meilleur moyen de combattre la verse, accident à redouter dans la culture intensive.

On peut donc dire qu'en l'absence d'acide phosphorique, il n'est pas, pour la plante de développement normal possible. Son importance agronomique ne se discute même pas.

Les engrais phosphatés sont donc, à juste titre, considérés comme les engrais par excellence, ceux dont l'emploi est d'autant plus à recommander que, même à doses élevées, ils ne provoquent aucun accident. Fixé par les propriétés absorbantes du sol, un excès ne sera pas perdu et demeurera à la disposition des récoltes ultérieures.

Nous voulons obtenir des rendements élevés, force nous est d'employer de l'acide phosphorique. Le sol en renferme déjà, sous forme de phosphates minéraux, phosphates de chaux ou de fer, d'aluminium ou de magnésium. On retrouve également dans toute terre une notable quantité de phosphate organique (nucléines, humophosphates ou composés phospho-conjugués).

Malheureusement nous faisons encore assez mal les distinctions qui s'imposeraient entre ces diverses formes inégalement assimilables. Pour nous, il n'existe qu'un acide phosphorique, celui que dissout l'acide azotique, le seul que nous dosions ; et nous sommes obligés de reconnaître que, dans la majorité des cas, ce dosage nous révèle un déficit très marqué.

Une terre de fertilité moyenne devrait, d'après les travaux de nos agronomes, renfermer au moins par kilo un gramme d'acide phosphorique soluble dans les acides chauds. Or, M. Risler, ex-Directeur de l'Institut Agronomique et Professeur de géologie, déclarait, il y a de cela déjà quelques années, qu'en France, sur un territoire agricole de 49 millions d'hectares, nous en avons 36 millions qui contiennent trop peu d'acide phosphorique pour que l'on puisse songer à y pratiquer des cultures vraiment intensives.

Depuis, les choses n'ont guère changé ; cette pauvreté s'est même accentuée dans les terres où l'on n'a pratiqué que des apports de fumier de ferme. Le fumier, reflet du sol, ne pouvant apporter à ce dernier l'élément qui lui fait défaut.

Heureusement pour nous, la France, l'un des plus gros producteurs de phosphates, possède ici une position privilégiée. Sur son propre territoire, elle a déjà des gisements assez riches, comme par exemple les phosphates des Ardennes, ou les sables phosphatés de la Somme. Mais, comparées aux inépuisables ressources de la Tunisie, de l'Algérie et du Maroc, ces richesses ne sont rien.

Là, dans ces immenses étendues, qui vont du Tell au Sahara, l'époque éocène a vu se déposer des montagnes de phosphates naturels, vestiges d'une vie animale intense.

Posséder des phosphates n'est pas tout, il importe au moins autant de savoir les utiliser. Leur action, sur la végétation, dépend de leur solubilité et l'organisme végétal les utilisera d'autant plus complètement que nous aurons mieux su les amener à prendre une forme plus soluble.

Aujourd'hui, plus que jamais, les engrais doivent « payer » et le cultivateur qui enfouirait en ses terres des engrais phosphatés, bon marché mais inertes, agirait en définitive, à l'encontre de ses intérêts.

De là, la nécessité d'employer dans chaque nature de terre les engrais phosphatés appropriés.

## LA POTASSE DES TERRES ARABLES

L'azote exerce surtout son action sur l'appareil foliacé, l'acide phosphorique sur les grains, la potasse agit sur toutes les parties du végétal, dans lesquelles elle se trouve inégalement répartie.

Les composés du potassium serviraient à la plante pour élaborer les hydrates de carbone, sucre, amidon, fécule, etc... Il y aurait aussi proportionnalité entre le taux de la potasse et celui des albuminoïdes, et le potassium serait un énergique agent de condensation.

Quand la potasse manque, le végétal prend une couleur anormale, les feuilles de betteraves fourragères ont de bonne heure leurs extrémités desséchées et ce qui frappe surtout, c'est la diminution de l'amidon et du sucre.

La potasse augmenterait la résistance des plantes à l'égard de diverses maladies. Les cultivateurs Irlandais ont remarqué que les engrais potassiques permettent aux lins de résister au chancre du collet (Fusarium

I,ini). Ils emploient de même, les engrais potassiques pour rendre les tomates plus résistantes aux maladies bactériennes.

Dans les régions sèches, où les conditions climatériques tendent à arrêter prématurément toute croissance, les engrais potassiques prolongent la vie du végétal dont ils augmentent les rendements.

Tout ceci nous montre que ce végétal, qui ne saurait se passer de potasse, doit en trouver des quantités suffisantes dans le sol.

Très répandue dans les diverses roches qui constituent l'écorce terrestre, la potasse se retrouve par cela même en proportion notable en toute terre arable. C'est avec la chaux la base la plus commune. Les composés du potassium dans le sol sont probablement des silicates complexes faisant encore partie de débris rocheux non décomposés.

Cette potasse revêt, habituellement, une forme insoluble. Elle appartient à des combinaisons complexes qui l'abandonnent peu à peu sous l'influence de l'eau chargée d'acide carbonique, de bicarbonate de chaux ou de plâtre.

De plus, — et ce fait a une importance pratique considérable — les sols les plus riches en potasse totale ne sont pas toujours ceux qui fournissent la plus forte proportion de potasse attaquable et vraisemblablement absorbable.

Une terre très décomposée fournira **plus de potasse attaquable qu'un sol plus riche en éléments silicatés demeurés intacts.**

Travaillant cette même question, il nous a été donné de faire ressortir qu'il n'y a, en effet, aucun rapport fixe à établir entre la potasse totale et la potasse soluble dans l'acide azotique par exemple. (Méthode du Comité consultatif des Stations agronomiques).

Ceci nous amènera à rechercher dans certains cas, non seulement la potasse totale, par les acides forts, mais aussi la potasse assimmilable, par les acides faibles.

En tous cas, nous admettrons 2 pour mille comme teneur moyenne d'une terre en potasse, si on emploie un acide fort, et 0,3 pour mille seulement avec un acide faible.

C'est en nous basant sur ces données qu'il nous sera possible de discuter les nombreux résultats analytiques que nous avons accumulés sur ce sujet, quant aux terres du département de la Sarthe.

*⁕*

## LA CHAUX DES TERRES ARABLES

A côté des trois éléments fertilisants dont nous venons de parler, le calcium, plus connu sous sa forme d'oxyde ou chaux, est aussi un élément indispensable au végétal.

Toute cellule en possède des quantités appréciables sous forme de composés solubles ou insolubles : Pas d'organe qui ne renferme du calcium ; les tiges et les feuilles en contiennent proportionnellement plus que les grains et les fruits ; et sans calcium, la plante cesse de se développer.

La chaux sert à la construction de la membrane cellulaire ; elle stimule le développement des racines et enfin elle joue un rôle dans la migration de l'amidon et la formation de la protéine.

Dans une terre bien pourvue de chaux, les plantes plus trapues ont des feuilles plus larges et des tiges plus vigoureuses.

La chaux est donc un élément dont nous devons nous occuper aussi. Dans le sol elle existe, combinée à divers acides, pour donner des carbonates, des calcaires, des sulfates ou plâtres des phosphates, des nitrates, des humates et aussi des silicates. C'est le carbonate qui, sous la forme de calcaire actif, joue le rôle agronomique le plus important.

Mais, au contraire des autres éléments : azote, acide phosphorique et potasse, la chaux n'est pas qu'un aliment, elle exerce dans le sol lui-même des actions dont on ne peut méconnaître l'importance.

*
* *

## CONSIDÉRATIONS GÉNÉRALES SUR L'ANALYSE DES SOLS

L'analyse d'un sol consiste à déterminer à la fois la nature et la quotité des éléments qui le constituent.

Pour être complet, un tel travail devrait donc faire appel :

A la chime minérale ;
A la chimie organique ;
Et aussi à la bactériologie.

Seules, les notions ainsi acquises posséderaient une réelle valeur. Mais, à l'heure actuelle, un tel travail est presque impossible. Nous n'envisagerons donc ici que la première partie de ce problème complexe et nous essaierons seulement de déterminer le rôle possible des divers éléments minéraux au point de vue agronomique.

Considérée à ce point de vue, l'analyse d'un sol doit remplir un double but. Les chimistes pourront, en effet :

1° Ou bien se contenter de déterminer aussi exactement que possible la proportion des éléments dont, selon eux, les végétaux peuvent tirer parti ;

2° Ou doser la totalité des éléments contenus pour se faire une idée exacte des réserves de la terre.

Dans le premier cas on fait appel à certains solvants d'ailleurs assez arbitrairement choisis. Dans le second, la terre, considérée comme un amas de fragments rocheux, est analysée suivant la méthode générale employée pour l'analyse de ces derniers.

## ANALYSE PAR LA MÉTHODE DES SOLVANTS

Depuis longtemps les agriculteurs s'étaient aperçus que la richesse absolue des sols n'avait pour eux qu'une importance très relative. Des terres, contenant des doses plus que suffisantes d'azote, d'acide phosphorique et de potasse ne fournissaient parfois que de médiocres récoltes.

Les combinaisons dans lesquelles ces éléments se trouvent engagés sont, en effet, des plus diverses ; de là l'assimilabilité différente et l'inertie relative, que nous constatons parfois chez certains ; de là aussi, l'idée de doser uniquement la proportion d'éléments utilisable par le végétal.

Les résultats obtenus de cette façon ne représentent plus qu'une partie des éléments contenus dans le sol, et cette partie varie elle-même suivant le réactif employé.

Ces considérations suffisent pour faire ressortir les difficultés que doivent surmonter tous ceux qui essaient d'imiter le mécanisme qui préside à la dissolution des éléments du sol par le végétal.

Dans ce cas, que d'hypothèses à faire ! Que de conventions à admettre ! Et tout cela pour ne jamais nous placer devant une certitude absolue.

Rien ne permet d'affirmer, en effet, que, dans la réalité, les choses se passent comme certains le conçoivent et veulent le faire admettre.

Pourquoi le pouvoir absorbant du végétal ne serait-il pas plus intense qu'on le suppose ?

D'un autre côté, les microorganismes interviennent pour favoriser certaines réactions que nous ne parvenons pas à reproduire.

S'ingénier à réaliser en quelques heures, dans nos vases de laboratoire, un travail que le végétal, aidé par les radiations solaires et les eaux pluviales, met des mois à accomplir, n'est-ce pas une utopie ?

Pour cet ensemble de raisons nous ne croyons pas qu'il convienne de continuer à déterminer quel sera le solvant le meilleur. Nous estimons, en effet, qu'il est superflu de rechercher au prix d'efforts hors de proportion avec le résultat visé, une précision dont rien, dans cette circonstance, ne justifie l'utilité.

Le Comité des stations agronomiques avait fort bien compris ce point de vue, quand il établit, en 1890, la méthode, pour l'analyse des terres arables, que nous employons encore aujourd'hui. En forgeant cet outil d'un maniement relativement commode, il voulut faire avant tout une œuvre pratique.

On ne peut que le louer de cette initiative. Il créa ainsi une unité de recherche qui, rendant les comparaisons ultérieures possibles, facilita la compréhension de nombreux phénomènes.

C'est cette méthode que nous avons employée.

# ETUDE DES REGIONS

### PREMIÈRE RÉGION

## Région des schistes et grès primaires de la Charnie

Les terrains primaires constituent à la lisière du département, une bande assez étroite qui, partant de Sablé, va jusqu'à la forêt de Perseigne, en passant par Saint-Denis-d'Orques, Sillé-le-Guillaume et Fresnay-sur-Sarthe.

Bien que ces terrains comprennent plusieurs assises géologiques, on peut cependant les considérer, dans l'ensemble, comme formés surtout de schistes et de grès.

**Les schistes** sont constitués par du silicate d'alumine, dans lequel se trouvent des cristaux microscopiques de fer ou de quartz. Ils donnent, en se décomposant, une terre limoneuse, de nature plus ou moins argileuse.

En effet, l'argile elle-même, est un silicate d'alumine hydraté qui, à l'état de pureté, constitue le kaolin. Ses propriétés sont heureusement modifiées par la présence de silice ou de calcaire.

Dans la région envisagée, les terres dérivées des **schistes argileux** ou Phyllades de Saint-Lô (La Raterie, à Rouez-en-Champagne ; Lavau, à Mont-Saint-Jean, Le Parc-aux-Vaches, à Courtilloles, à Saint-Rigomer-des-Bois, sont généralement profonds et susceptibles de devenir très fertiles. Il en est de même des terres dérivées des **schistes avec anthracite** de la région de Sablé (la Coquelinière, à Auvers-le-Hamon et des **Schistes avec boules siliceuses** (la Belle-Noë et l'Yvonnière, à Sablé).

Les argiles ont pu être plus ou moins remaniées à l'époque tertiaire et transformées en argiles sableuses ou caillouteuses, avec galets de quartz blanc (les Hardières, à Auvers-le-Hamon, les Landes à Fontenay, les Folletières et le Verger à Joué-en-Charnie). Parfois les sables sont agglomérés par un ciment ferrugineux et donnent lieu à des blocs de grès grossiers analogues aux Roussards des Sables du Mans.

Sur les pentes en particulier, les parties fines entraînées par le ruissellement des pluies ne laissent sur place qu'un mélange de quartz et de schistes moins décomposés, où la végétation est inévitablement assez pauvre.

**Les grès** donnent un sol dont la matière varie surtout avec la nature du ciment qui agglomère les grains de sable. Quand ce ciment est siliceux, la roche, particulièrement dure, se décompose difficilement et se résout en sable sur une épaisseur assez faible. Ces sols, souvent arides avec des rochers escarpés, sont ceux des forêts de Perseigne et de Sillé-le-Guillaume.

Dans le cas d'un ciment argileux, les grès donnent, au contraire, des terrains sablo-argileux, de meilleure qualité. Dans tous les cas, les terrains qui en sont issus, sont particulièrement pauvres en éléments fertilisants (Aillières, Sillé-le-Guillaume).

En dehors des schistes et des grès, il est important de signaler des affleurements de **calcaires primaires** (fig. 3),

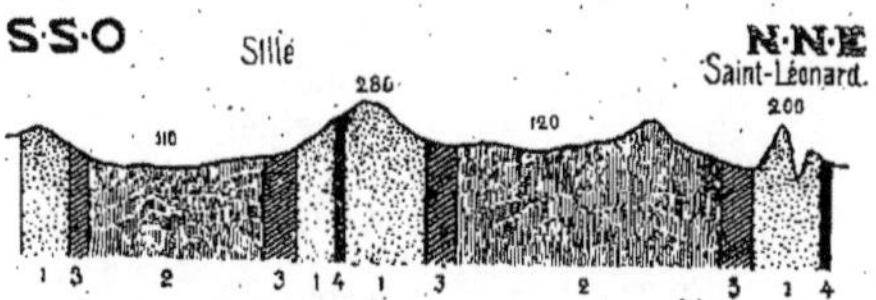


Fig. 3. — Coupe géologique : terrains anciens de la Charnie.

1. Grès.
2. Schistes et phyllades.
3. Schistes calcaires et dolomie.
4. Roches cristallisées (granite, porphyre, etc.).

qui ont une importance agronomique d'autant plus grande que la chaux manque un peu partout ; comme nous aurons l'occasion de le répéter souvent.

Ces calcaires présentent la particularité d'être magnésiens, comme par exemple ceux des deux zones qui vont du nord de la forêt de Sillé jusqu'à la gare de Fresnay et de Rouessé-Vassé à Neuvillette.

Ces calcaires ont été utilisés pour la fabrication de la chaux et il y aurait le plus grand intérêt à faire revivre les nombreux fours qui ont contribué autrefois à la prospérité du pays.

Ces calcaires magnésiens seraient d'autant plus indiqués pour la fabrication de la chaux que la magnésie se retrouve toujours dans les cendres végétales. Elle joue un rôle indéniable dans tous les phénomènes qui touchent à la fructification. Indispensable à la formation de la chlorophylle et à l'élaboration de l'amidon, et du sucre, elle a une action antichlorosante marquée.

Elle augmenterait la résistance du blé à la verse et parmi les plantes de grande culture, sensibles à son action, on cite les betteraves, le maïs et les pommes de terre.

Rappelons aussi que le sol ou pousse le fameux Chambertin, contient 3,29 pour cent de magnésie et que les sols de la Champagne, où sont les crus les plus réputés, contiennent également un excès de chaux et de magnésie. C'est aussi à la magnésie que certains attribuent l'action remarquable des fameux limons fertilisants du Nil.

N'oublions pas que dans la Charnie, il y a un siècle à peine, l'agriculture était, comme l'indique Guillier, déplorable. Les terres en jachère, durant plusieurs années, se recouvraient de bruyères, de fougères, d'ajoncs et de genêts qui formaient un contraste frappant avec les riches cultures des pays de la Champagne mancelle, placés à l'Est.

Avec la chaux, que la découverte du charbon de terre de Sablé permit de fabriquer à plus bas prix, on obtint de meilleures récoltes de froment, d'orge et de trèfle, et l'élevage put être augmenté. Il y eut ainsi plus de bétail et, partant, plus de fumier.

Nous avons réuni les terres de cette région en deux catégories :

1° **Terres à tendances argileuses ;**

2° **Terres plus ou moins sableuses.**

## 1° Terres à tendance argileuse

Résultats des analyses
Sablé, la Lande, n° 44

Azote ............... 5,3 pour 1.000
Acide phosphorique .. 0, 4 —
Potasse ............. 3,8 —
Chaux ............... 2,3 —
Réaction ............ Alcaliné

Sablé, Belle-Noë n° 45

Azote ............... 2,5 pour 1.000
Acide phosphorique .. 0,2 —
Potasse ............. 0,7 —
Chaux ............... 1,6 —
Réaction ............ Alcaline

Sablé, l'Yvonnière, n° 95
(Près de la route de Solesmes-

Azote ............... 2,3 pour 1.000
Acide phosphorique .. 0,46 —
Potasse ............. 1, » —
Chaux ............... 5,50 —

Sablé, Les Courbes, n° 47

Azote ............... 1,8 pour 1.000
Acide phosphorique.. 0,5 —
Potasse ............. 1,1 —
Chaux ............... 4,6 —
Réaction ............ Alcaline

Auvers-le-Hamon, les Hardières, n° 5

Azote ............... 0,8 pour 1.000
Acide phosphorique .. 0, 1 —
Potasse ............. 2,» —
Chaux ............... 1,6 —
Réaction ............ Alcaline

Auvers-le-Hamon, la Coquelinière, n° 4

Azote ............... 0,6 pour 1.000
Acide phosphorique . 0,3 —
Potasse ............. 2,8 —
Chaux ............... 15,» —
Réaction ............ Alcaline

Fontenay, les Landes, n° 19

Azote ............... 0,8 pour 1.000
Acide phosphorique .. 0,3 —

Potasse ............. 2,4 —
Chaux ............... 4,» —
Réaction ............ Alcaline

Joué-en-Charnie, le Verger, n° 7

Azote ............... 1,8 pour 1.000
Acide phosphorique .. 0,4 —
Potasse ............. 2,5 —
Chaux ............... 1,» —
Réaction ............ Alcaline

Joué-en-Charnie, les Folletières, n° 20

Azote ............... 3,» pour 1.000
Acide phosphorique .. 0,9 —
Potasse ............. 3,5 —
Chaux ............... 2,5 —
Réaction ............ Alcaline

Rouez-en-Champagne, la Raterie, n° 8

Azote ............... 1,8 pour 1.000
Acide phosphorique .. 0,4 —
Potasse ............. 2,» —
Chaux ............... 2,4 —
Réaction ............ Alcaline

Mont-Saint-Jean, à Lavau, n° 9

Azote ............... 1,5 pour 1.000
Acide phosphorique .. 0,6 —
Potasse ............. 2,5 —
Chaux ............... 0,8 —
Réaction ............ Alcaline

Saint-Rigomer-des-Bois, Courtillolles,
Le Parc-aux-Vaches, n° 32

Azote ............... 2,5 pour 1.000
Acide phosphorique .. 0,6 —
Potasse ............. 1,4 —
Chaux ............... 2,8 —
Réaction ............ Alcaline

### Résultats moyens

En éliminant, pour la **potasse** les échantillons numéros 45, 47 et 95, dont la teneur en potasse est plus faible, et pour la **chaux**, l'échantillon numéro 4 dont la teneur est plus élevée, on obtient la composition moyenne suivante, qui représente bien le type des terres de la région :

Azote .............. 2,05 pour 1.000
Acide phosphorique. 0,43 —
Potasse .......... 2,54 —
Chaux ............ 2,64 —

Terres bien pourvues en azote, assez bien pourvues en potasse ; mais pauvres en acide phosphorique et insuffisamment riches en chaux.

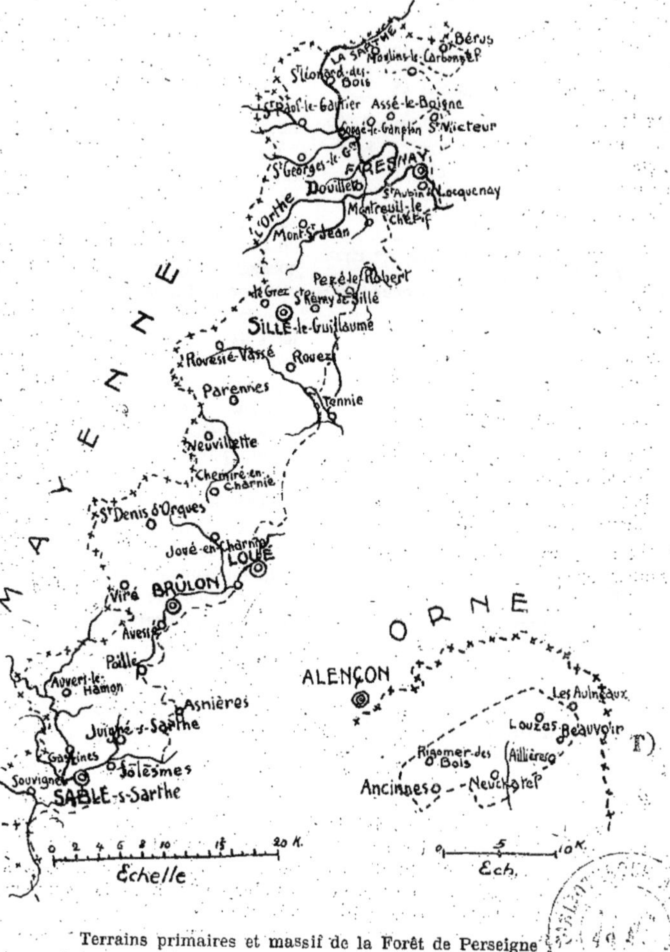


Terrains primaires et massif de la Forêt de Perseigne

## 2° Terres plus ou moins sableuses

Résultats des Analyses
Joué-en-Charnie, le Bois-de-l'Isle, n° 21

Azote ................... 1,7 pour 1.000
Acide phosphorique .. 0,1 —
Potasse ............. 0,7 —
Chaux ................ 1,8 —
Réaction ........... Alcaline

Sillé-le-Guillaume, n° 48

Azote ............... 2,3 pour 1.000
Acide phosphorique .. 0,7 —
Potasse ............. 0,9 —
Chaux .............. 0,6 —
Réaction .......... Alcaline

Aillières, Ferme d'Aillières, n° 25

Azote ............... 1,8 pour 1.000
Acide phosphorique . 0,1 —
Potasse ........... 0,15 —
Chaux ............. 0,7 —
Réaction .......... Alcaline

Dont la teneur moyenne est de :

Azote ........... 1,93 pour 1.000
Acide phosph. .. 0,3 —
Potasse ........ 0,58 —
Chaux ......... 1,03 —

Terres pauvres en tous éléments, sauf en azote.

—∿∿∿—

## DEUXIÈME RÉGION

## La Champagne mancelle (Terrains secondaires du Jurassique moyen)

Cette deuxième région naturelle de notre département forme une bande qui s'étend à l'est des terrains primaires, sur une largeur de 6 à 10 kilomètres. Elle est constituée par un ensemble de couches calcaires assez dures, le plus souvent de calcaires oolithiques du Jurassique moyen, autrement dit de granulations ressemblant à des petits œufs de poisson, agglomérés par un ciment calcaire. Il y a aussi, à divers niveaux, des noyaux de silex, irrégulièrement disposés, comme on peut s'en rendre compte dans les tranchées de la gare de Loué.

Ces calcaires constituent une région bien individualisée, pays sec et découvert où, en dehors des haies et des têtards, l'on aperçoit seulement, ça et là quelques ormeaux ou quelques noyers, ce qui forme un contraste curieux avec le reste du département en général.

Cet aspect bien caractéristique de la Champagne, se retrouve aux environs de Fyé, de Louvigny, de Mamers, à Vezot, à St-Cosme-de-Vair, etc., à Contres, où l'on rencontre un massif de calcaire corallien, pratiquement identique à celui de la Champagne.

A la surface, on trouve surtout la **terre de groie**, sol rouge, plus ou moins épais, formé d'argile colorée par les sels de fer et rempli de pierres que la charrue arracha au sous-sol. Cette terre végétale provient de la décalcification (par les eaux de pluie) des calcaires dont, seules, les impuretés argileuses sont demeurées sur place.

Selon sa dureté, le calcaire a été entraîné plus ou moins rapidement, ainsi qu'on peut s'en rendre compte dans des tranchées de chemins de fer où la ligne de séparation des deux zones est très sinueuse.

On se représente difficilement ce phénomène de décalcification lorsqu'on rencontre parfois ces argiles rouges recouvrant le calcaire sur plus d'un mètre de profondeur.

C'est que la puissance dissolvante des eaux chargées de gaz carbonique est très considérable. On est arrivé à démontrer que dans un sol cultivé, les eaux de pluie entraînaient à elles seules plus de 300 kilos de chaux par hectare et par an.

Cette action dissolvante qui s'est poursuivie sur un nombre considérable d'années, nous explique la disparition progressive du calcaire à la surface du sol..

Selon que le calcaire était dur ou marneux, nous avons des sols de composition assez différente. Les calcaires purs donnaient des **petites groies** (ou grouas), plutôt sèches, tandis que des marnes dérivaient des terres plus fortes : **grosses groies et argiles rouges.**

Cependant, en général, la décomposition superficielle des roches n'a pas donné suffisamment de profondeur pour y permettre la végétation forestière, d'où rareté relative d'arbres Par contre, sans grandes dépenses, ces terres peuvent donner de bonnes récoltes surtout quand (ainsi que cela est ordinairement dans notre département), la température demeure assez humide.

Dans ce travail, nous diviserons nos analyses en deux groupes, suivant que nous nous trouverons en face de terres **de groies**, ou de celles, plus fortes, **des argiles rouges.**

Formation géologique du Nord du Département identique à celle de la Champagne mancelle.

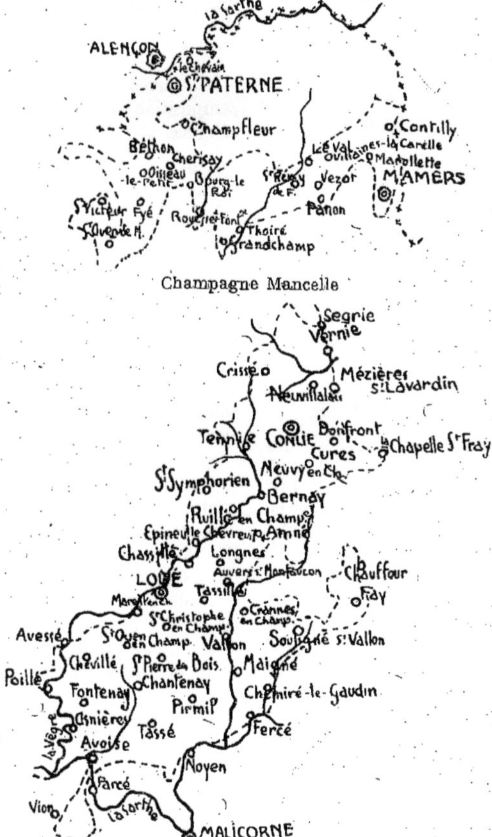


Champagne Mancelle

## 1° Terres de Groies

### Résultats des Analyses

Parcé, la Goyonnière (Gruettes)
N° 38

| | | |
|---|---|---|
| Azote | 2,0 | pour 1.000 |
| Acide phosphorique | 0,2 | — |
| Potasse | 0,4 | — |
| Chaux | 3,2 | — |
| Réaction | Alcaline | |

Parcé, la Goyonnière (Groies)
N° 40

| | | |
|---|---|---|
| Azote | 2,5 | pour 1.000 |
| Acide phosphorique | 0,5 | — |
| Potasse | 0,6 | — |
| Chaux | 4,9 | — |
| Réaction | Alcaline | |

Vernie, le Rideau, ou ferme du Moulin
N° 100

| | | |
|---|---|---|
| Azote | 2,» | pour 1.000 |
| Acide phosphorique | 1,» | — |
| Potasse | 2,1 | — |
| Chaux | 89.» | — |

Bourg-le-Roi
Ferme du Pouplain
Grouas de la Haize, N° 75

| | |
|---|---|
| Azote | 1,79 |
| Acide phosphorique | 1,05 |
| Potasse | 1,95 |
| Chaux | 133.28 |

Grouas d la Gandelée, N° 79

| | |
|---|---|
| Azote | 1,71 |
| Acide phosphorique | 1,06 |
| Potasse | 3,0 |
| Chaux | 56,56 |

Carrefour du Corman, N° 76

| | |
|---|---|
| Azote | 1,55 |
| Acide phosphorique | 0,79 |
| Potasse | 3,68 |
| Chaux | 68,38 |

Châteauroux, N° 77

| | |
|---|---|
| Azote | 1,13 |
| Acide phosphorique | 0,69 |
| Potasse | 1,08 |
| Chaux | 198,8 |

Vieille-Herbe, N° 78

| | |
|---|---|
| Azote | 0,86 |
| Acide phosphorique | 0,65 |
| Potasse | 0,50 |
| Chaux | 212,2 |

Grouas de la Gandelée, N° 79

| | |
|---|---|
| Azote | 1,62 |
| Acide phosphorique | 0,95 |
| Potasse | 0,66 |
| Chaux | 156,8 |

Ces terres de groies, ont comme composition moyenne donnée par dix analyses :

| | | |
|---|---|---|
| Azote | 1,59 | pour 1.000 |
| Acide phosph. | 0,73 | — |
| Potasse | 1,55 | — |
| Chaux | 93,30 | — |

On peut donc dire que souvent ces terres, assez riches en chaux et même plus riches en acide phosphorique que les terres en provenance d'autres points du département, se caractérisent par une pauvreté en potasse, ce qui se conçoit assez bien quand on sait l'action exercée par la chaux sur les argiles.

La chaux, à l'état de calcaire, ou carbonate de chaux, se combine, en effet, avec la potasse des sols pour former du carbonate de potasse très actif. Elle contribue ainsi à l'utilisation des réserves du sol.

Les teneurs en chaux, qui varient de 2,2 à 212 pour 1.000 nécessitent une étude plus approfondie de ces sols au point de vue de la chaux.

## 2° Argiles rouges

Ces argiles, plus ou moins colorées par les sels de fer sont très reconnaissables à leur aspect. De culture assez difficile, elles sont susceptibles de fournir de bons rendements.

**Parcé, La Goyonnière (Argile Rouge)**
**N° 39**

| | | |
|---|---|---|
| Azote | 1,6 | pour 1.000 |
| Acide phosphorique | 0,8 | — |
| Potasse | 1,3 | — |
| Chaux | 3,5 | — |
| Réaction | Alcaline | |

**Souligné-sous-Vallon (terre du Pressoir)**
**N° 132**

| | |
|---|---|
| Azote | 1,56 |
| Acide Phosphorique | 0,67 |
| Potasse | 1,64 |
| Chaux | 0,84 |

**Loué (Ch.),**
**Champ d'Expérience de Barigné**
**N° 92**

| | |
|---|---|
| Azote | 2,05 |
| Acide phosphorique | 0,97 |
| Potasse | 2,23 |
| Chaux | 1,70 |

**Ruillé-en-Champagne**
**La Grande-Ronce, N° 1**

| | | |
|---|---|---|
| Azote | 0,6 | pour 1.000 |
| Acide phosphorique | 0,4 | — |
| Potasse | 4,0 | — |
| Chaux | 4," | — |
| Réaction | Alcaline | |

**Bourg-le-Roi, Ferme du Pouplain**
**La Valtorine, N° 70**

| | |
|---|---|
| Azote | 1,30 |
| Acide phosphorique | 0,73 |
| Potasse | 4,25 |
| Chaux | 2,19 |

**La Valtorine, N° 71**

| | |
|---|---|
| Azote | 1,37 |
| Acide phosphorique | 1,77 |
| Potasse | 4.65 |
| Chaux | 2,07 |

**Cosniac, N° 72**

| | |
|---|---|
| Azote | 1,60 |
| Acide phosphorique | 0,96 |
| Potasse | 4,47 |
| Chaux | 4,9 |

**Sept-Jours, N° 73**

| | |
|---|---|
| Azote | 0,71 |
| Acide phosphorique | 0,52 |
| Potasse | 3,75 |
| Chaux | 2,7 |

**Louvigny, la Maison-Neuve, N° 3**

| | | |
|---|---|---|
| Azote | 0,6 | pour 1.000 |
| Acide phosphorique | 0,4 | — |
| Potasse | 3,9 | — |
| Chaux | 8," | — |
| Réaction | Alcaline | |

Ces terres des argiles rouges ont donc la composition moyenne suivante :

| | | |
|---|---|---|
| Azote | 1,2 | pour 1.000 |
| Acide phosph. | 0,8 | — |
| Potasse | 3,3 | — |
| Chaux | 3,3 | — |

De cette moyenne, on peut conclure :

Richesse moyenne en azote ;

Insuffisance de la teneur en acide phosphorique ;

Richesse satisfaisante en potasse ;

Pauvreté en chaux, étant donné la nature argileuse de ces terres, puisqu'on estime qu'une terre forte doit contenir au moins 30 pour 1.000 de chaux.

——∿∿∿——

## TROISIÈME RÉGION

———

## Le Saosnois et le Belinois

Saosnois et Belinois, pays de fertilité légendaire, ont la même origine géologique.

Au Nord du Mans, le **Saosnois** occupe, tout en la débordant au Nord-

Le Saosnois

Ouest, la région comprise entre la Bienne et l'Orne Saosnoise.

Au Sud, le **Belinois** constitue un îlot de 20 kilomètres de long sur 10 kilomètres de large environ. Il forme une « oasis » au milieu des sables et des terres à sapins qui l'entourent et s'est rendu célèbre par la beauté de ses chenevières.

Le Belinois, qui présente un sol ondulé est situé à une altitude qui varie de 45 à 108 mètres au-dessus du niveau de la mer, tandis que la ceinture de sable environnante atteint 170 mètres. Il apparaît que le Belinois fut recouvert autrefois par les Sables du Mans et que ceux-ci furent enlevés par érosion, c'est-à-dire par l'action des eaux.

On trouve encore un petit îlot sableux en plein milieu du pays, celui sur lequel a été bâti le château du Plessis, qui a échappé à leur action.

Les terres du Saosnois et du Belinois proviennent de dépôts très épais de marne, d'argile et de calcaire argileux, bleuâtre de **l'Oxfordien ou du Callovien** des terrains secondaires.



Caractérisés par leur profondeur, les sols se rapprochent de la terre idéale, au point de vue de la constitution physique.

Le sous-sol est presque toujours de même nature que le sol, quoique de couleur un peu plus claire et souvent de nature plus argileuse.

On retrouve des îlots assez importants de cette formation au Nord et à l'Est de la forêt de Perseigne, et entre Courcelles et Ligron. Parfois la présence d'un sous-sol argileux provoque un excès d'humidité (Blèves, Montigny). A la longue, il en est résulté un appauvrissement du sol en éléments minéraux, aussi ne trouve-t-on pas dans l'ensemble des terres la même constance que nous avons précédemment observée ainsi qu'on peut s'en rendre compte par l'examen des chiffres :

### Congé-sur-Orne
### La Binoche, N° 80

| | | |
|---|---|---|
| Azote | 1,5 | pour 1.000 |
| Acide phosphorique .. | 0,6 | — |
| Potasse totale | 3,0 | — |
| Chaux | 0,3 | — |

### Meurcé, la Cour, N° 11

| | | |
|---|---|---|
| Azote | 1,5 | pour 1.000 |
| Acide phosphorique .. | 0,4 | — |
| Potasse | 3,2 | — |
| Chaux | 12,0 | — |
| Réaction | Alcaline | |

### Courgains, Courbeton, N° 12

| | | |
|---|---|---|
| Azote | 1,1 | pour 1.000 |
| Acide phosphorique .. | 0,2 | — |
| Potasse | 3,1 | — |
| Chaux | 1,0 | — |
| Réaction | Alcaline | |

### Lucé-sous-Ballon
### La Courtillerie, N° 133

| | | |
|---|---|---|
| Azote | 1,56 | pour 1.000 |
| Acide phosphorique .. | 0,64 | — |
| Potasse | 2,83 | — |
| Chaux | Traces | |

### Saint-Rigomer-des-Bois - Courtilloles
### L'Ouche-de-Montlioux, N° 36

| | | |
|---|---|---|
| Azote | 1,7 | pour 1.000 |
| Acide phosphorique .. | 1,2 | — |
| Potasse | 2,2 | — |
| Chaux | 2,7 | — |
| Réaction | Alcaline | |

### Saint-Rigomer-des-Bois, Courtilloles
### Les Vingt-Jours, N° 34

| | | |
|---|---|---|
| Azote | 1,9 | pour 1.000 |
| Acide phosphorique .. | 0,2 | — |
| Potasse | 2,1 | — |
| Chaux | 1,7 | — |
| Réaction | Alcaline | |

### Les Aulneaux
### Lés Champceaux, N° 26

| | | |
|---|---|---|
| Azote | 1,6 | pour 1.000 |
| Acide phosphorique .. | 0,1 | — |
| Potasse | 4,0 | — |
| Chaux | 1,2 | — |
| Réaction | Alcaline | |

### Laigné-en-Belin à Sormigné
### (Terre forte), N° 49

| | | |
|---|---|---|
| Azote | 2,2 | pour 1.000 |
| Acide phosphorique .. | 0,5 | — |
| Potasse | 2,8 | — |
| Chaux | 1,2 | — |
| Réaction | Alcaline | |

Il apparaît tout d'abord que la fertilité naturelle de la région, tient plus à la bonne composition physique du sol qu'à la constitution chimique en elle-même.

En éliminant au point de vue acide phosphorique l'échantillon N° 36, on obtient en effet, la moyenne ci-après :

| | | |
|---|---|---|
| Azote | 1,63 | pour 1.000 |
| Acide phosphorique .. | 0,37 | — |
| Potasse | 2,90 | — |
| Chaux | 2,51 | — |

Il ressort une très grande pauvreté en acide phosphorique, une richesse relative en potasse et une teneur en chaux insuffisante dans la plupart des cas.

La verse des céréales, si fréquente dans cette région est certainement due à la pauvreté extrême des sols en acide phosphorique.

Pour les sept derniers échantillons dans lesquels se trouvent incorporées une terre légère du Belinois et des terres humides dans la plupart des cas, la teneur en éléments fertilisants est peu élevée ainsi qu'on peut s'en rendre compte :

### Coulombiers, à Bonnivent, N° 22

Azote .............. 1,1 pour 1 000
Acide phosphorique .. 0,3 —
Potasse ............. 1,0 —
Chaux ............... 1,6 —
Réaction ............ Alcaline

### Saint-Rigomer-des-Bois, Courtilloles, Les Ormeaux, N° 33

Azote ............... 2,5 pour 1.000
Acide phosphorique .. 0,4 —
Potasse ............. 0,8 —
Chaux ............... 4,4 —
Réaction ............ Alcaline

### Montigny, La Gassinière, N° 29

Azote ............... 1,1 pour 1.000
Acide phosphorique .. 0,2 —
Potasse ............. 1,0 —
Chaux ............... 1,6 —
Réaction ............ Alcaline

### Montigny, La Tourmandière N° 30

Azote ............... 2,1 pour 1.000
Acide phosphorique .. 0,2 —
Potasse ............. 1,6 —
Chaux ............... 2,5 —
Réaction ............ Alcaline

### Blèves, Les Mares Jumelles N° 52

Azote ............... 1,2 pour 1.000
Acide phosphorique .. 0,1 —
Potasse ............. 0,6 —
Chaux ............... 0,5 —
Réaction ............ Alcaline

### Laigné-en-Belin, à Sormigné (terre douce), N° 50

Azote ............... 1,6 pour 1.000
Acide phosphorique .. 0,5 —
Potasse ............. 1,1 —
Chaux ............... 1,5 —
Réaction ............ Alcaline

### Courcelles, La Moricelière, N° 121

Azote ............... 1,06 pour 1.000
Acide phosphorique . 0,31 —
Potasse ............. 1,34 —
Chaux ............... 2,85 —

La moyenne en ressort à :

Azote ............... 1,52 pour 1.000
Acide phosphorique : 0,28 —
Potasse ............. 1,06 —
Chaux ............... 2,13 —

Terres très pauvres en acide phosphorique, moyennement pourvues en azote, pauvres en potasse et insuffisamment riches en chaux.

# Région des sables et argiles du Mans

### (Terrains secondaires du Crétacé)

Cette région s'étend sur plus de 200.000 hectares dans un département qui n'en compte lui-même guère plus de 600.000. C'est donc la plus étendue. Elle se trouve principalement dans la partie médiane qui est aussi la plus basse et suit les vallées de l'Huisne et de la Sarthe.

Dans l'ensemble les sables dominent ; mais à côté de cette formation fondamentale, on trouve nombre d'autres dépôts calcaires ou marneux. De là les aptitudes agricoles particulièrement variées de cette région qui, à côté des parties essentiellement sablonneuses et couvertes de bruyères et de pins, voit des parties argileuses et marécageuses, avec, entre ces deux extrêmes, toute la gamme des sols de constitution physique intermédiaire.

Tantôt, parmi ces derniers, ce sont **des sables plus ou moins argileux** et des blocs de grès, où de vastes étendues de sables ferrugineux, que teintent en rouge, plus ou moins prononcé, des blocs de roussard à divers degrés d'altération.

Quand, à la fois, sol et sous-sol sont ferrugineux, comme par exemple au-dessous du Mans, on ne rencontre que des landes et des pins ; mais ce serait une grave erreur que de conclure dès maintenant à une impossibilité absolue d'amélioration de ces terrains déshérités.

En effet, il faut voir surtout dans une pauvreté générale en calcaires les mauvais effets agronomiques qu'exercent alors les sels de fer. En certains cas, il suffirait de chauler et de fumer pour amener la possibilité d'une mise en culture.

L'argile, en modifiant peu à peu les propriétés des sables, vient donner, partout où existe quelque peu d'humidité, des terres particulièrement propres aux cultures maraîchères (Les Sablons au Mans, par exemple).

A côté de cela, nous verrons ailleurs **des argiles verdâtres**, comme celles rencontrées à l'Est et au Sud de La Ferté-Bernard ou au Sud de Nogent-le-Bernard et qui doivent cette coloration à la **glauconie,** silicate hydraté d'alumine, de fer et de potasse. Sous l'influence de l'air et de l'eau, le fer s'oxyde en donnant de l'ocre jaunâtre ou rougeâtre, et, au milieu de la terre sableuse, il demeure des éléments argileux, assez riches en potasse qui peuvent alors avoir une fertilité marquée. Au nord de Bonnétable, et sur la rive gauche de l'Orne Saosnoisé, ce mélange d'argiles et de sables glauconieux donne ainsi des terres excellentes et réputées.

Enfin, localement, il y a également quelques affleurements de marne, de tuffeau, ou de craie sableuse, et ceci explique ces doses élevées de chaux retrouvées par nous dans les échantillons provenant de ces régions et que, de ce fait, nous avons cru devoir classer dans les formations géologiques diverses. C'est ce même phénomène qui se reproduit quand on retrouve des grès calcaires (sables agglomérés par un ciment calcaire), comme à Lombron, aux Carries.

En dehors de ce bloc central, cette même formation géologique constitue encore nombre d'autres îlots dans le département, ainsi qu'il ressort de l'examen de la carte géologique. La mer cénomanienne, qui déposa autrefois les couches de sables et d'argiles retrouvées aux environs du Mans, couvrait en effet le département tout entier, mais, postérieurement, il y eut des modifications auxquelles nous devons le faciès actuel. Les îlots du Nord de la forêt de Perseigne, de La Fresnaye, de Loué, etc., n'en demeurent pas moins comme autant de vestiges actuels de ces dépôts.

Les sables du Perche du canton de Montmirail, les terres à huitres ou marnes à Ostracées du vignoble de Mayet appartiennent également à cette même formation.

*<br>* *

Nous basant sur ces considérations géologiques, nous avons classé les échantillons provenant de cette grande région naturelle, en trois catégories :

1° **Terres de constitution sableuse,** sèches ou humides, selon leur situation, douces ou battantes selon la grosseur des éléments sableux.

2° **Terres à peu près franches,** silico-argileux ou argilo-siliceuses, et parfois cailouteuses.

3° **Terres à tendance argileuse,** de compacité variable, selon la finesse de la silice.

D'après cette classification, chaque agriculteur pourra, dans la formation qui l'intéresse, retrouver la composition moyenne d'une terre arable déterminée, en consultant les tableaux ci-dessous, où nous avons groupé les résultats analytiques de nos travaux.

## 1° Terres de constitution sableuse

Résultats des Analyses :

Bouloire, l'Ormeau, N° 108

| | | |
|---|---|---|
| Azote | 0,5 | pour 1.000 |
| Acide phosphorique | 0,3 | — |

Potasse ............... 0,7 —
Chaux ............... 0,2 —
Réaction ............... Acide.

Lavardin, Pièce du Jet d'Eau, N° 60

Azote ............... 1,2 pour 1.000
Acide phosphorique .. 0,4 —
Potase ............... 0,4 —
Chaux ............... 0,2 —
Réaction ............... Acide.

Lavardin, la Sapinière du Jet d'Eau, N° 61

Azote ............... 0,8 pour 1.000
Acide phosphorique .. 0,1 —
Potasse ............... 0,5 —
Chaux ............... 0,1 —
Réaction ............... Acide.

Lavardin, Sapinière de la Fosse, N° 62

Azote ............... 0,7 pour 1.000
Acide phosphorique .. 0,1 —
Potasse ............... 0,6 —
Chaux ............... 0,1 —
Réaction ............... Acide.

Lombron, Ragottière et Pré-Neuf, N° 82

Azote ............... 0,87 pour 1.000
Acide phosphorique .. 0,38 —
Potasse ............... 0.60 —
Chaux ............... 1,88 —

Lombron

Le Chêne-Verger et Loresse, N° 83

Azote ............... 0,87 —
Acide phosphorique .. 0,36 —
Potasse ............... 0.70 —
Chaux ............... 1,69 —

Saint-Saturnin, Le Châtelay, N° 97

Azote ............... 2,5 pour 1.000
Acide phosphorique .. 0,5 —
Potasse ............... 0,8 —
Chaux ............... Traces.

Coudrecieux, La Franchaise, N° 10

Azote ............... 0,7 pour 1.000
Acide phosphorique .. 0,3 —

Potasse .............. 0,6    —
Chaux ............... 0.5    —
Réaction ............ Acide.

Écommoy (landes section F-33), N° 130

Azote ............... 0,65 pour 1.000
Acide phosphorique .. 0,10    —
Potasse ............. 0,80    —
Chaux ............... Traces.

### Gréez-sur-Roc
Le Gd-Champ de la Cormerie, N° 23

Azote ............... 1,2 pour 1.000
Acide phosphorique .. 0,4    —
Potasse ............. 0,5    —
Chaux ............... 1,3    —
Réaction ............ Alcaline.

### Nogent-le-Bernard
Champ d'expérience, N° 93

Azote ............... 1,2 pour 1.000
Acide phosphorique .. 0,4    —
Potasse ............. 0,5    —
Chaux ............... 1,3    —

### Commune de Ségrie
La Maison d'Ardoise, Sol N° 99

Azote ............... 1,4 pour 1.000
Acide phosphorique .. 0,2    —
Potasse ............. 0.5    —
Chaux ............... Traces.

### Ruaudin, Le Petit-Plessis, N° 122

Azote ............... 0,91 pour 1.000
Acide phosphorique .. 0,40    —
Potasse ............. 0,50    —
Chaux ............... Traces.

### Mulsanne, Les Hunaudières
(Prairie humide), N° 125

Azote ............... 1,90 pour 1.000
Acide phosphorique .. 0,39    —
Potasse ............. 0,67    —
Chaux ............... Traces.

### Mulsanne, Les Hunaudières
(Prairie marécageuse), N° 126

Azote ............... 2,42 pour 1.000
Acide phosphorique .. 0,38    —

Potasse .............. 0,45    —
Chaux ............... Traces.

### Saint-Rigomer-des-Bois, Courtilloles, Le Taillis-du-Mohan, N° 35

Azote ............... 1,8 pour 1.000
Acide phosphorique .. Traces.
Potasse ............. 1,2 pour 1.000
Chaux ............... 0,5    —
Réaction ............ Très acide.

Ceci fait, si nous groupons tous ces résultats analytiques, en un tableau unique pour essayer d'en tirer des conclusions d'ordre général, ce qui n'est guère possible, quand on envisage seulement quelques résultats isolés, nous voyons que la composition moyenne des terres de cette formation est la suivante :

Azote ............... 1,22 pour 1.000
Acide phosphorique .. 0.29    —
Potasse ............. 0,62    —
Chaux ............... 0,48    —

Réaction cherchée 7 fois sur 13 échantillons, trouvée 6 fois acide.

De ces moyennes, il nous paraît donc possible de conclure à **une pauvreté générale de ces sols en acide phosphorique et en potasse.** A côté de cela, le calcaire ferait défaut à peu près partout et en de nombreux endroits les terres seraient même **totalement décalcifiées,** comme le prouve leur réaction acide.

## 2° Terres à peu près franches de consistance moyenne

Résultats des Analyses.

### Commune de Lombron
5. La Tasse (Chardonneret). N° 84.

Azote ............... 1,07 pour 1.000
Acide phosphorique .. 0,40    —
Potasse ............. 0,7    —
Chaux ............... 2,69    —

9. La Porte (Le Plateau). N° 85.

Azote ................. 0,79 pour 1.000
Acide phosphorique .. 0,31 —
Potasse ............... 1,4 —
Chaux ................ 1,15 —

5. Les Carries (Ch. de la Carrière).
N° 86

Azote ................ 1,24 pour 1.000
Acide phosphorique .. 0,88 —
Potasse ............. 0,9 —
Chaux ............... 8,70 —

2. La Forêt (Ch. des Arrachais). N° 87

Azote ............... 1,92 pour 1.000
Acide phosphorique .. 0,71 —
Potasse ............. 2,2 —
Chaux ............... 2,98 —

Lombron
La Ruette (Ch. du Mortier). N° 89

Azote ............... 1,81 pour 1.000
Acide phosphorique .. 0.47 —
Potasse ............. 2,4 —
Chaux ............... 1,98 —

Fillé, Les Rouannais.

Azote ................ 1,8 pour 1.000
Acide phosphorique .. 0,3 —
Potasse .............. 1,1 —
Chaux ............... 0,3 —
Réaction ............. Acide.

Fillé, Les Rouanais. N° 63
(Pièce 25 journaux). N° 64

Azote ................. 1,8 pour 1.000
Acide phosphorique .. 0,4 —
Potasse .............. 0,9 —
Chaux ............... 0,8 —
Réaction ........... Alcaline.

Fillé, Les Rouannais.
(Pièce de 13 journaux). N° 65

Azote ............... 1,2 pour 1.000
Acide phosphorique .. 0,3 —
Potasse ............. 1,7 —
Chaux ............... 0,8 —
Réaction ........... Alcaline.

Fillé, Les Rouannais.
Pièce Basse. N° 66.

Azote ............... 1,2 pour 1.000
Acide phosphorique .. 0,1 —
Potasse ............. 0,6 —
Chaux ............... 0,8 —
Réaction ........... Alcaline.

Coulans, La Névouerie. N° 46.

Azote ............... 1,8 pour 1.000
Acid phosphorique .. 0,3 —
Potasse ............. 1,6 —
Chaux ............... 0,6 —
Réaction ........... Alcaline.

Cures, La Coudraie. N° 81

Azote ............... 4,2 pour 1.000
Acide phosphorique .. 0,4 —
Potasse ............. 1,» —
Chaux ............... 1,48 —

Savigné-l'Evêque.
Ferme de Bellegarde. N° 98.

Azote ............... 0,9 pour 1.000
Acide phosphorique .. 0,1 —
Potasse ............. 2,6 —
Chaux ............... 0,4 —
Réaction ........... Acide

Lavaré
La Grande-Fourmonnière. N° 109

Azote ............... 0,8 pour 1.000
Acide phosphorique .. 0,3 —
Potasse ............. 1,3 —
Chaux ............... 1,3 —
Réaction ........... Alcaline.

Melleray, Le Grand-Pré. N° 37.

Azote ............... 1,1 pour 1.000
Acide phosphorique .. 0,4 —
Potasse ............. 1,3 —
Chaux ............... 1,7 —
Réaction ........... Alcaline.

Théligny, La Métairie. N° 17.

Azote ............... 1,1 pour 1.000
Acide phosphorique .. 0,1 —
Potasse ............. 1,2 —
Chaux ............... 3,6 —
Réaction ........... Alcaline.

La Fresnaye-sur-Chédouet, La Beauge
N° 28.

Azote ................... 1,8 pour 1.000
Acide phosphorique .. 0,5   —
Potasse .............. 2,5   —
Chaux .............. 1,1   —
Réaction ........... Alcaline.

La Flèche, Terre de l'Arche, N° 131.

Azote ............... 1,07 pour 1.000
Acide phosphorique .. 0,39   —
Potasse ............. 1,33   —
Chaux .............. Traces.

Guécélard, Les Forges (terre grise)
N° 124.

Azote ............... 0,93 pour 1.000
Acide phosphorique .. 0,46   —
Potasse ............. 0,98   —
Chaux .............. Traces.

Guécélard, Les Forges (terre jaune)
N° 123

Azote ............... 0,66 pour 1.000
Acide phosphorique .. 0,54   —
Potasse ............. 2,30   —
Chaux .............. Traces.

Ces résultats, au nombre de 19, nous donnent, pour les divers éléments une moyenne de :

Azote ............... 1,43 pour 1.000
Acide phosphorique .. 0,38   —
Potasse ............. 1,47   —
Chaux .............. 1,59   —

Quant à la réaction, faite sur dix échantillons, elle n'a enregistré que deux résultats acides.

Nos conclusions seront donc ici : terres en général pauvres en éléments fertilisants, sauf en azote. Cependant la potasse commence à paraître en proportion plus forte. Pour la chaux, si, dans la moyenne, ces terres sont parvenues à un stade moins avancé de la décalcification, il n'en demeure pas moins que nous nous trouvons en face d'échantillons en général fort pauvres en cet élément.

## 3° Terres à tendance argileuse

Ces terres, surtout celles qui sont situées au Nord de Bonnétable et dans la région de Rouperroux, et Saint-Aignan, qui, nous le rappelons, dérivent d'argile et de sable glauconieux, sont les plus fertiles de la région et portent de nombreux herbages réputés.

Les Billettières de l'Aunay. N° 24.
Gréez-sur-Roc

Azote ............... 2,2 pour 1.000
Acide phosphorique .. 0,1   —
Potasse ............. 3,1   —
Chaux .............. 2,5   —
Réaction ........... Alcaline.

Bonnétable, La Soudairie. N° 69.

Azote ............... 4,3 pour 1.000
Acide phosphorique .. 0,8   —
Potasse ............. 4,3   —
Chaux .............. 4,0   —

Saint-Aignan, La Fuye. N° 13.

Azote ............... 1,6 pour 1.000
Acide phosphorique .. 0,4   —
Potasse ............. 3,1   —
Chaux .............. 3,5   —
Réaction ........... Alcaline.

Bien qu'ici nous nous trouvions en présence de 3 analyses seulement, on remarque aussitôt que nous avons affaire à des terres notablement plus riches en leurs éléments fertilisants, puisque la moyenne ressort à :

Azote ............... 2,7 pour 1.000
Acide phosphorique .. 0,4   —
Potasse ............. 3,5   —
Chaux .............. 3,3   —

dont la composition est voisine des meilleures terres du Saosnois.

## ANALYSES DES SOUS-SOLS

Deux échantillons de sous-sols qui ont été prélevés à Ségrie et à Lom-

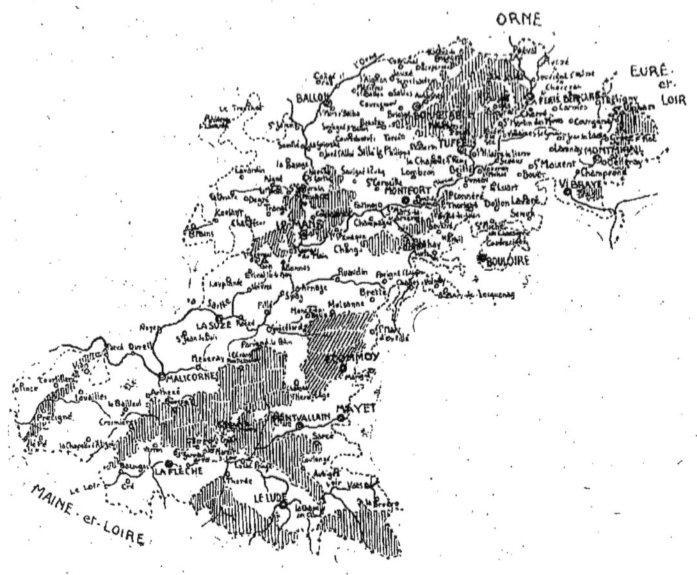



**Région des Sablés et Argiles du Mans.**
(Terrains secondaires crétacés).

bron ont donné à l'analyse les résultats suivants :

Commune de Ségrie
La Maison d'Ardoise

Azote, 0,9 pour 1.000 contre 1,4 au sol.
Acide phosphorique, 1,5 pour 1.000 contre 0,2 au sol.
Potasse, 0,8 pour 1.000 contre 0,5 au sol.
Chaux, Traces.

Commune de Lombron, La Forêt.

Azote, 0,87 pour 1.000 contre 1,92 au sol.

Acide phosphorique, 0,82 pour 1.000 contre 0,71 au sol.
Potasse, 1,5 pour 1.000 contre 2,2 au sol.
Chaux, 5,15 pour 1.000 contre 2,98 au sol.

Ces sous-sols ont une teneur voisine de celle du sol et même, pour certains éléments, elle est légèrement plus élevée. Dans ce cas, les labours profonds exécutés progressivement sont indiqués en vue d'augmenter l'épaisseur de la terre arable.

## CINQUIÈME RÉGION

# Argiles et Terres à silex de Saint-Calais

### (Terrains Tertiaires)

Cette région, qui intéresse tout le Sud-Est du département, est formée de plateaux dont l'altitude, qui va jusqu'à 240 mètres, est sensiblement plus élevée que celle de la partie centrale au delà de l'Huisne et de la Sarthe.

Ces plateaux sont généralement pauvres et lorsque les silex sont très abondants, ils ne conviennent guère qu'aux forêts (forêt de Bercé par exemple).

Les sables siliceux à silex se distinguent des sables du Mans par la présence de silex et de fragments siliceux brisés, et de blocs de grès. Ils donnent également des terres maigres qui sont pratiquement identiques aux terres sableuses de la région du Mans.

Près des plateaux, on trouve également de gros blocs de poudingues (perrons) et de conglomérats, formés de silex agglomérés par un ciment siliceux. Ces rocs sont très durs et peuvent atteindre un gros volume, plusieurs mètres cubes.

Ces sables à silex recouvrent d'assez grandes étendues sur les plateaux de la région de Château-du-Loir, de la Chartre-sur-le-Loir, de Bercé, de la Flèche, de Villaines-sous-Malicorne, de Courcelles, de Nuillé-le-Jalais, de Bouloire, de Bonnétable, etc...

La composition des sables à silex est fréquemment améliorée par des limons des plateaux argilo-sableux de couleur jaunâtre, et contenant un peu de calcaire.

Les terres qui en proviennent sont alors assez fertiles, tout en restant très faciles à travailler et assez bien pourvues en chaux.

D'une façon générale, les **sables à silex plus ou moins mélangés d'argile** ont donné des terres bien connues des cultivateurs sous le nom de gruelles, bournais doux et bournais légers, dont la composition chimique est peu variable.

Quant **aux argiles à silex** qui sont les plus nombreuses, elles forment les grands plateaux et recouvrent des étendues très importantes, non seulement dans le Sud-Est : Vibraye, Écorpain, Marolles-les-Saint-Calais, La Chapelle-Huon, Sainte-Osmane, Villaines-sous-Lucé, Luché-Pringé ; mais aussi dans la région de La Flèche, St-Germain-du-Val, Clermont-Créans, au Sud et à l'Ouest de Bonnétable, à la Chapelle-du-Bois, ainsi qu'aux environs du Mans : Rouillon, Sargé, etc...

Les silex que ces terres renferment proviennent de couches de craies à silex qui ont été complètement décalcifiées par les eaux. Les craies renferment parfois jusqu'à 30 pour cent d'éléments insolubles, argile ou sable, le calcaire a été entraîné après dissolution et les parties insolubles seules sont restées sur place. Du reste l'argile à silex repose le plus souvent sur des assises de craie non détruites. Cette argile est de couleur variable : blanche, grise, jaune, rouge ou verdâtre, selon les éléments qui l'accompagnent. La qualité en est très variable avec la proportion de silice.

Les argiles à silex constituent les terres bien connues sous le nom de bournais. Leur composition chimique varie peu, aussi toutes les terres de cette cinquième région sont elles classées dans une même catégorie.

## RÉSULTATS DES ANALYSES

### Saint-Georges-de-la-Couée
#### Le Grand-Boulay. N° 106.

Azote ..................... 0,8 pour 1.000
Acide phosphorique .. 0,2      —
Potasse ............... 1,7      —
Chaux ............... 0,5      —
Réaction ............ Alcaline.

#### Bessé-sur-Braye, La Courdière. N° 177

Azote ................ 0,6 pour 1.000
Acide phosphorique .. 0,6      —
Potasse ............... 1,7      —
Chaux ............... 1,7      —
Réaction ............ Alcaline.

### Bessé-sur-Braye
#### Les Boderies. N° 105.

Azote ............... 0,6 pour 1.000
Acide phosphorique .. 0,2      —
Potasse ............... 2,»      —
Chaux ............... 1,1      —
Réaction ............ Alcaline.

#### Tresson, La Vigne. N° 107.

Azote ............... 0,6 pour 1.000
Acide phosphorique .. 0,1      —
Potasse ............... 2,7      —
Chaux ............... 0,2      —
Réaction ............ Acide.

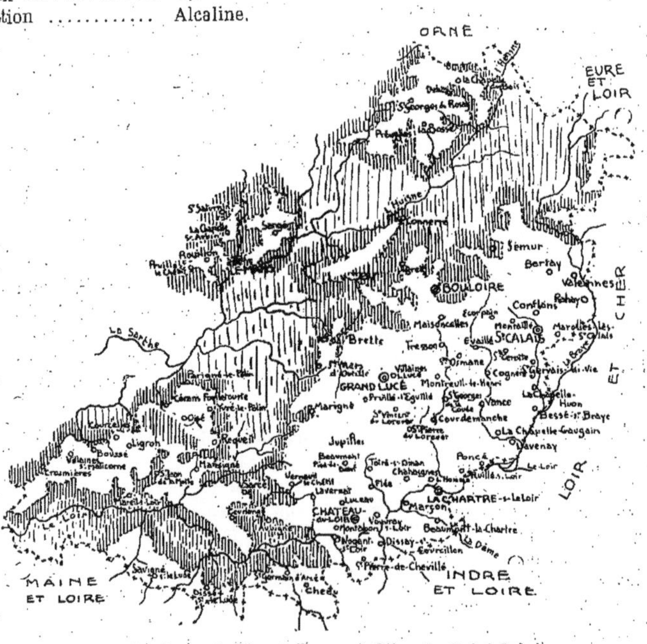

5e Région : Argile et Terres à Silex de Saint-Calais

#### Cogners, à Bonœfruit. N° 104.

Azote .................... 1,1 pour 1.000
Acide phosphorique .. 0,5      —
Potasse ............... 2,4      —
Chaux .............. 1,9      —
Réaction ............ Alcaline.

#### Ecorpain, les Varasses. N° 103.

Azote ................ 1,1 pour 1.000
Acide phosphorique .. 0,2      —
Potasse ............... 2,2      —
Chaux ............... 0,6      —
Réaction ............ Alcaline.

Marolles-les-Saint-Calais
Le Grand-Coudray. N° 102.

Azote ................... 0,9 pour 1.000
Acide phosphorique .. 0,3     —
Potasse .............. 2,5     —
Chaux ............... 1,5     —
Réaction ........... Alcaline.

Le Mans, La Malmare. N° 51.

Azote ................. 1,6 pour 1.000
Acide phosphorique .. 0,6     —
Potasse .............. 1,3     —
Chaux ............... 1,2     —
Réaction ........... Alcaline.

La Chapelle-du-Bois, La Haute-Biche.
N° 14.

Azote ............... 1,4 pour 1.000
Acide phosphorique .. 0,4     —
Potasse ............. 3,7     —

Chaux ............... 0,9     —
Réaction ........... Acide.

Ces terres ont comme composition chimique moyenne :

Azote ............... 0,96 pour 1.000
Acide phosphorique .. 0,34     —
Potasse ............. 2,24     —
Chaux ............... 1,06     —

Réaction 2 fois acide, 7 fois alcaline.

Nous remarquons ici une tendance marquée à la décalcification complète, qui est tout particulièrement à retenir ; puis, comme à peu près partout, une pauvreté caractérisée en acide phosphorique et une teneur assez bonne en potasse.

# Les Alluvions des Vallées

(Alluvions quaternaires ou anciennes et alluvions modernes).

**ALLUVIONS ANCIENNES.** — Dans le fond des principales val'ées, on retrouve des dépô's de sables plus ou moins argileux qui furent constitués à l'époque quaternaire par des rivières plus importantes que les rivières actuelles, et qui leur sont comparables lorsqu'elles sont en période de très grandes crues. Elles ont alors roulé des cailloux que nos cours d'eau seraient incapables de transporter.

Ces alluvions s'étendent sur une superficie totale qui va de 50.000 à 60.000 hectares, et leur caractère, toujours à peu près le même dans une même vallée, peut notablement différer d'une vallée à l'autre.

Ainsi les vallées du Loir et de l'Huisne sont constituées presque uniquement par des débris de silex et de craies. La vallée de l'Orne Saosnoise est souvent calcaire. Au-dessus du Mans, on trouve surtout dans la vallée de la Sarthe, des grès siliceux durs, et au dessous du Mans, il y a mélange avec les silex transportés par l'Huisne.

**Les terrains provenant des alluvions anciennes sont, en général, maigres et brûlants, très perméables, ils sont assez peu fertiles** (environs du Mans, Landes de Vion, du Bailleul, etc...).

La vallée de l'Huisne avec Saint-Mars-la-Brière, la vallée du Loir avec la région du Lude, etc... nous donnent des exemples assez nets de cette pauvreté.

Au-dessus du Mans, les alluvions a nciennes de la Sarthe renferment de l'argile et peuvent donner de bonnes terres de culture, comme à Sainte-Jammes-sur-Sarthe, Saint-Marceau, etc...

Les alluvions de l'Orne Saosnoise, peu étendues, sont assez fertiles, et portent de nombreuses prairies.

Les alluvions anciennes de la vallée du Loir sont très étendues. La région du Lude à La Flèche est couverte d'alluvions caillouteuses où l'on ne voit que des pins sur des milliers d'hectares. Cependant, près de La Flèche, les terres qui en sont issues sont meilleures.

**ALLUVIONS MODERNES.** — Les alluvions modernes, formées par les rivières actuelles se trouvent au voisinage immédiat des cours d'eau, alors que les alluvions anciennes servent de transition avec les autres terrains.

**Les alluvions modernes contiennent généralement une proportion élevée de vase déposée par les eaux ; elles donnent les terres riches et fraîches des vallées.**

Les belles prairies de la vallée de l'Huisne, aux environs de La Ferté-Bernard, en sont presque exclusivement constituées.

Les meilleures prairies de la vallée du Loir proviennent également des alluvions modernes.

Souvent, elles sont marécageuses ou tourbeuses. Dans ce cas, elles deviennent noirâtres, comme à Pontvallain par exemple, ou l'on a pu exploiter la tourbe.

Bien que la superficie de ces dépôts soit difficile à évaluer, on peut admettre qu'il s'agit de 50.000 hectares environ, localisés dans les vallées de la Sarthe, de l'Orne, de l'Huisne ou du Loir, sur une largeur moyenne de 2 kilomètres.

Il n'y a pas toujours de limite bien

marquée entre les alluvions modernes et les alluvions anciennes que, souvent, elles recouvrent partiellement.

Du reste, la diversité d'origine des débris roulés par les eaux devait tout naturellement donner des terres de composition chimique assez variable, aussi toute classification est-elle assez difficile.

## RÉSULTATS DES ANALYSES

### Alluvions de la Sarthe :

Roullée, La Garenne, N° 27

Azote .............. 5,4 pour 1.000
Acide phosphorique .. 0,2    —
Potasse ............. 0,7    —
Chaux ............... 1,5    —
Réaction ............ Alcaline

### Alluvions de l'Huisne :

Saint-Martin-des-Monts, à Bord'hué

Azote ............... 3,11 pour 1.000
Acide phosphorique .. 0,74    —
Potasse ............. 3,13    —
Chaux ............... 15,34    —

Montfort, Les Haras, N° 1
N° 53

Azote ............... 2,2 pour 1.000
Acide phosphorique .. 1,3    —
Potasse ............. 0,6    —
Chaux ............... 2,2    —
Réaction ............ Alcaline

Montfort, Les Haras, N° 2
N° 54

Azote ............... 0,8 pour 1.000
Acide phosphorique .. 0,6    —
Potasse ............. 3,5    —
Chaux ............... 12,6    —
Réaction ............ Alcaline

Montfort-les-Haras, N° 3
N° 55

Azote ............... 1,6 pour 1.000
Acide phosphorique .. 0,4    —

Potasse ............. 3,9    —
Chaux ............... 11,8    —
Réaction ............ Alcaline

Montfort, Les Haras, N° 4
N° 56

Azote ............... 1,6 pour 1.000
Acide phosphorique .. 0,3    —
Potasse ............. 2,8    —
Chaux ............... 5,2    —
Réaction ............ Alcaline

### Alluvions du Loir :

Le Lude, Prairie du Molidor
(Partie plus argileuse), N° 67

Azote ............... 1,8 pour 1.000
Acide phosphorique .. 0,3    —
Potasse ............. 1,1    —
Chaux ............... 13,»    —
Réaction ............ Alcaline

Le Lude, Prairie du Molidor
(Partie siliceuse), N° 68

Azote ............... 0,8 pour 1.000
Acide phosphorique .. 0,1    —
Potasse ............. 0,6    —
Chaux ............... 0,7    —
Réaction ............ Alcaline

### Alluvions de Petits cours d'eau

Savigné-sous-Le-Lude
L'Aunay-Lubin, N° 43

Azote ............... 1,1 pour 1.000
Acide phosphorique .. 0,4    —
Potasse ............. 2,»    —
Chaux ............... 3,3    —
Réaction ............ Alcaline

### Alluvions anciennes :

Maresché, La Bussonnière, N° 18

Azote ............... 1,5 pour 1.000
Acide phosphorique .. 0,3    —
Potasse ............. 2,2    —
Chaux ............... 0,8    —
Réaction ............ Acide.

### Sablé-sur-Sarthe
#### Ferme de l'Yvonnière, N° 96

Azote ................. 1,5   pour 1.000
Acide phosphorique .. 0,45      —
Potasse ............... 1,20      —
Chaux ................. 2,60      —

#### Sablé, La Jumellerie, N° 94

Azote ................. 0,6   pour 1.000
Acide phosphorique .. 0,30      —
Potasse ............... 1,60      —
Chaux ................. Traces.

### Le Bailleul
Le Cabaret - Landes du Bailleul, N° 41

Azote ................. 2,1   pour 1.000
Acide phosphorique .. 0,1      —
Potasse ............... 2,9      —
Chaux ................. 9,2      —
Réaction .............. Alcaline

### Lhomme
#### Le Champ des Aulnais, N° 101

Azote ................. 0,7   pour 1.000
Acide phosphorique .. 0,5      —
Potasse ............... 2,7      —
Chaux ................. 7,»      —
Réaction .............. Alcaline

Les alluvions modernes sont en général plus riches en azote et c'est ce qui en fait la fertilité.

La teneur en acide phosphorique est toujours très faible. Chaux et potasse existent en quantités très variables et le calcul d'une composition moyenne ne saurait fournir d'indications très utiles.

Tout au plus peut-on réunir les échantillons 54, 55, 56, 67, 43, 41 et 119 qui sont assez bien pourvus en azote, en potasse et en chaux et dont la composition moyenne qui est de

Azote ................. 1,3   pour 1.000
Acide phosphorique .. 0,4      —
Potasse ............... 2,75      —
Chaux ................. 9,67      —

fait ressortir la pauvreté de ces sols en acide phosphorique.

Les autres échantillons, sauf le N° 27, dont la teneur en azote est très élevée, sont pauvres en tous éléments.

Une seule terre, N° 18, présente une réaction acide assez caractérisée.

*<br>* *

## FORMATIONS DIVERSES

On conçoit assez bien qu'en dehors des grandes régions naturelles que nous avons tracées, il existe des formations de transition dont les caractères soient moins nettement tranchés. Les résultats des analyses de ces sols sont en conséquence assez variables. Ce sont eux que nous grouperons ici.

Bien entendu nous ne pourrons en tirer de conclusions générales au point de vue de la composition chimique.

Les craies et les marnes crayeuses des terrains secondaires que l'on rencontre à flanc de coteau et qui présentent de nombreux affleurements dans les terrains en pente, bordant les vallées, ont modifié la nature des sols avoisinant par l'apport de chaux ainsi qu'on peut s'en rendre compte par l'examen des chiffres suivants :

#### Lombron, Le Cassoir, N° 90

Azote ................. 2,00  pour 1.000
Acide phosphorique . 0,95      —
Potasse ............... 0,40      —
Chaux ................. 186,80      —

#### Lombron
La Porte (Pente Nord), N° 91

Azote ................. 1,74  pour 1.000
Acide phosphorique . 0,67      —
Potasse ............... 3,10      —
Chaux ................. 17,50      —

**A Connerré,** sur la propriété de l'Herbaudière, où la plupart des terres font partie des sables du Mans et des argiles à silex, la présence de marne, de tuffeau ou de craie sableuse ont, par des éboulis anciens, modifié heureusement la composition des sols :

Connerré, L'Herbaudière
Champ de la Carrière, N° 116

Azote ................ 0,93 pour 1.000
Acide phosphorique .. 0,19 —
Potasse ............. 0,40 —
Chaux ............... 6,90 —

Connerré, L'Herbaudière
Champ du Gué-aux-Anes, N° 115

Azote ................ 0,90 pour 1.000
Acide phosphorique .. 0,10 —
Potasse ............. 0,80 —
Chaux ............... 7,00 —

Connerré, L'Herbaudière
Champ du Gué-aux-Anes, N° 127

Azote ............... 0,91 pour 1.000
Acide phosphorique . 0,36 —
Potasse ............. 2,18 —
Chaux ............... 6,49 —

Connerré, L'Herbaudière
Champ de la Vallée, N° 114

Azote ................ 0,98 pour 1.000
Acide phosphorique . 0,10 —
Potasse ............. 0,80 —
Chaux ............... 18,44 —

Connerré, L'Herbaudière
Le Grand-Fromenté, N° 117

Azote ............... 1,00 pour 1.000
Acide phosphorique . 0,31 —
Potasse ............. 0,19 —
Chaux ............... 14,00 —

Connerré, L'Herbaudière
Champ de la Grange, N° 112

Azote ............... 1,82 pour 1.000
Acide phosphorique . 0,08 —
Potasse ............. 0,18 —
Chaux ............... 21,20 —

Connerré, L'Herbaudière
Champ du Lavoir, N° 113

Azote ............... 1,70 pour 1.000
Acide phosphorique . 0,21 —
Potasse ............. 0,44 —
Chaux ............... 21,26 —

Connerré
Le Verger du Mesnil, N° 127

Azote ............... 0,81 pour 1.000
Acide phosphorique . 0,28 —
Potasse ............. 0,96 —
Chaux ............... Traces.

**A Chassé**, au Haut-Chemin, un échantillon de terre prélevé dans une prairie située à la limite de plusieurs formations géologiques mais appartenant vraisemblablement aux Sables Cénomaniens, a la composition suivante

Chassé, Le Haut-Chemin, N° 31

Azote ............... 1,5 pour 1.000
Acide phosphorique . 0,1 —
Potasse ............. 1,3 —
Chaux ............... 1,0 —
Réaction ............ Alcaline.

**A Lhomme**, au domaine de la Gidonnière, les terres à vigne proviennent en partie des craies sableuses plus ou moins mélangées d'argile à silex, dont la composition est :

N° 129

Azote ............... 1,16 pour 1.000
Acide phosphorique .. 0,57 —
Potasse ............. 2,29 —
Chaux ............... 5,99 —

**A Chenu**, le sol de la Vigne expérimentale de l'Association Viticole a donné à l'analyse les chiffres ci-après :

Chenu, Vigne expérimentale
(Partie argileuse), N° 57

Azote ............... 4,0 pour 1.000
Acide phosphorique .. 0,4 —
Potasse ............. 0,7 —
Chaux ............... 3,6 —
Réaction ............ Acide.

Chenu, Vigne expérimentale
(Partie sableuse-, N° 58

Azote ............... 3,4 pour 1.000
Acide phosphorique .. 0,3 —
Potasse ............. 3,1 —
Chaux ............... 4,1 —
Réaction ............ Alcaline.

Cormes, A l'Orme, N° 15

**A Cormes,** deux terres assez dissemblables ont une composition chimique très voisine :

Azote ................. 0,8 pour 1.000
Acide phosphorique .. 0,3 —
Potasse ............... 1,5 —
Chaux ............... 10,0 —
Réaction ............. Alcaline.

Cormes, La Chaussée, N° 16

Azote ................. 1,4 pour 1.000
Acide phosphorique .. 0,2 —
Potasse ............... 2,1 —
Chaux ............... 8,0 —
Réaction ............. Alcaline.

Brains, Le Méruau, N° 6

Azote ................. 1,2 pour 1.000
Acide phosphorique .. 0,4 —
Potasse ............... 2,7 —
Chaux ............... 47,0 —
Réaction ............. Alcaline.

Champfleur, La Barre, N° 2

Azote ................. 0,2 pour 1.000
Acide phosphorique .. 0,9 —
Potasse ............... 3,9 —
Chaux ............... 60,0 —
Réaction ............. Alcaline.

Deux échantillons prélevés en terrain calcaire ont, au contraire, une composition très différente.

**CALCAIRE LACUSTRE.** — Un certain nombre de gisements calcaires ont été déposés dans des lacs d'eau douce et se retrouvent au milieu des terrains signalés précédemment. Ce sont, ou des marnes calcaires, ou des pierres meulières exploitables par bancs comme matériaux de construction ou pour la fabrication de la chaux.

Ces dépôts de calcaire lacustre sont assez étendus dans le département et couvrent une superficie de près de 8.000 hectares.

Des dépôts importants existent à Savigné-sous-le-Ludé, Saint-Germain-du-Val, entre Foulletourte et Mansigné, près de la Fontaine-Saint-Martin, au Sud de Courcelles, aux environs de Connerré, Duneau, dans la forêt de Bonnétable, près de Fyé et de Saint-Germain-de-la-Coudre et Saint-Pierre-de-Chevillé, etc.

A Savigné-sous-le-Lude, la couche de calcaire marneux est à 20 centimètres de la surface du sol et les terres contiennent une quantité importante de chaux. Au nord de Saint-Germain-de-la-Coudre, au Haut-Bray, la couche de terre végétale est très épaisse et se trouve presque entièrement décalcifiée, aussi ces deux sols présentent une composition chimique fort différente :

Saint-Germain-de-la-Coudre
Le Haut-Bray, N° 10

Azote ................. 1,8 pour 1.000
Acide phosphorique .. 0,2 —
Potasse ............... 3,6 —
Chaux ............... 1,0 —
Réaction ............. Alcaline.

Savigné-sous-le-Lude
L'Aunay-Lubin, N° 42

Azote ................. 1,4 pour 1.000
Acide phosphorique .. 0,3 —
Potasse ............... 1,9 —
Chaux ............... 27,0 —
Réaction ............. Alcaline.

**Argile et Calcaire marneux du Lias**

Ces formations se rencontrent à Précigné et à Poillé, et dans la vallée de la Vègre.

**A Précigné,** un échantillon de terre prélevé à la ferme des Mottes contient :

Azote ................. 1,22 pour 1.000
Acide phosphorique .. 0,60 —
Potasse ............... 3,33 —
Chaux ............... 5,26 —

composition très différente des précédentes.

Or, ces situations sont fréquentes dans le département. Aussi, tout agriculteur qui ne se trouve pas sur une formation géologique bien caractérisée a-t-il intérêt à se documenter par l'analyse, sur la composition chimique des terres qu'il exploite. Il en tirera de précieuses indications pour l'emploi des engrais.

# Étude des Sols au point de vue de la Chaux

L'examen de la composition des différentes natures de terre du département montre que si la teneur en azote, en acide phosphorique et en potasse est à peu près constante, dans chaque formation géologique, il n'en est pas de même de la teneur en chaux.

Les raisons de la variation de la richesse des sols en chaux sont nombreuses.

Il y a d'abord la présence d'affleurements (à flanc de coteau, dans la plupart des cas), de craies marneuses ou de tuffeau calcaire qui, par des éboulis, viennent modifier la composition originelle des sols ; mais il y a surtout la disparition plus ou moins rapide de la chaux existant naturellement dans ces sols, sous l'influence des phénomènes de décalcification.

La plupart des engrais chimiques font perdre au sol beaucoup de chaux, c'est ainsi qu'en s'en tenant aux produits dont l'action décalcifiante est la plus marquée, on calcule que :

100 kilos de sulfate d'ammoniaque provoquent l'entraînement par les eaux de 105 kilos de chaux.

100 kilos d'engrais potassique, chlorure ou sylvinite, en entraînent 65 kilos.

100 kilos d'acide sulfurique, dont l'emploi se généralise pour détruire les mauvaises herbes, entraînent 50 kilos de chaux.

On pourrait multiplier ces exemples, mais il suffit au cultivateur de savoir que :

**Plus il produit beaucoup et vite, que plus il met d'engrais, que plus, en un mot, il fait de culture intensive plus le sol qu'il cultive s'appauvrit en chaux.** Il y a donc là un élément de variation de la teneur en chaux du sol qui est particulier à chaque exploitation.

Nous employons indifféremment le terme de calcaire ou de chaux selon les circonstances. **Le lecteur** devra se rappeler que sous le nom de calcaire on désigne le **carbonate de chaux,** composé de gaz carbonique, d'eau et de chaux et que la chaux est obtenue en cuisant le calcaire pour en faire partir le gaz carbonique et l'eau.

A 100 kilos de calcaire correspondent 56 kilos de chaux vive.

## DÉCALCIFICATION DES SOLS ET TERRES ACIDES

Acidification des sols et décalcification sont deux questions dont on ne peut séparer l'étude. L'acidification résulte, en effet, toujours d'une décalcification lente et progressive.

**Décalcification.** — Toute terre voit ses réserves en calcaire diminuer peu à peu.

Les plantes cultivées en consomment des quantités qui, dans certains cas, peuvent aller jusqu'à 500 kilos par an et par hectare.

Les eaux de drainage entraînent, sous forme de bicarbonates, de sulfates, de nitrates ou de chlorures un total pouvant aller jusqu'à 1.000 kilos par an et par hectare.

Il ne faut pas oublier, en effet, que la culture intensive moderne :

en multipliant les façons culturales,

en augmentant l'activité microbienne des sols (la nitrification notamment),

en employant plus d'engrais chimiques, épuise par cela même les réserves de chaux.

On calcule qu'une terre possédant 4 pour 1.000 de calcaire, soit un stock de 12.000 kilos de carbonate de chaux par hectare, pour une couche arable de 18 à 20 centimètres, verrait ce stock s'épuiser en 10 à 15 ans, si on ne pratiquait les chaulages indispensables.

Aussi devons-nous nous occuper activement de la décalcification et nous efforcer d'y remédier dès maintenant, si nous voulons nous mettre à l'abri des graves mécomptes qui nous guettent quand nous en serons au stade de l'acidification.

**Acidification.** — Nous avons pu constater, dans la Sarthe, que tous les sols bien pourvus en chaux ne sont jamais acides et que l'acidification d'une terre est la conséquence d'un déficit marqué ou de l'absence complète de chaux.

La vie des plantes, en effet, laisse, dans les sols de nombreux résidus. Si ces résidus ne sont pas détruits, et s'accumulent, comme cela se produit dans les prairies, par exemple, les plantes se développent mal, la flore se modifie, on voit apparaître les joncs, les carex, etc...

Dans les terres cultivées, c'est la petite oseille ou vinette qui envahit les cultures. C'est le trèfle qui dépérit rapidement et c'est pour l'ensemble des cultures une diminution considérable des rendements.

**L'acidification des sols constitue une maladie grave.** — L'absence de chaux, qui provoque tôt ou tard l'acidité de la terre, produit certaines anomalies qui sont connues sous le nom de **maladies des terres acides.**

**Si les sols sont lourds et compacts**, comme c'est par exemple le cas des argiles à silex, l'acidification qui diminue la perméabilité et le pouvoir absorbant, amène une mauvaise utilisation des engrais et une aération défectueuse du système radiculaire.

**Si les sols sont légers**, la maladie, pour en être moins perceptible, n'en sera pas moins grave.

En général, l'évolution est lente. Au début, il ne s'agit guère pour les végétaux, semés dans les terrains atteints, que d'une sensibilité plus grande aux actions climatériques défavorables.

Il y a des îlots plus attaqués où les plantes présentent une couleur plus pâle, jaunissent prématurément, et se couvrent de taches blanchâtres.

Puis, la maladie s'aggravant, les feuilles se dessèchent ainsi que les tiges. Les plantes, se nourrissant plus difficilement, présentent alors cet aspect languissant bien connu des cultivateurs.

Les dommages causés varient, avec le climat et la nature des récoltes. L'humidité en favorise le développement, surtout quand elle intervient après une période de sécheresse qui agit en concentrant les sels toxiques.

Les diverses plantes cultivées sont inégalement sensibles à cette action. Celles qui par nature, sont avides de chaux, sont celles qui possèdent le minimum de résistance, comme, par exemple, le pois, le haricot, le trèfle, ou la luzerne.

Les topinambours, les betteraves, les choux fourragers sont plus résistants.

Parmi les céréales, l'orge est la plus sensible, puis viennent le blé, le seigle et l'avoine. Le sarrasin, les pommes de terre, les rutabagas résistent bien et même prospèrent en milieu acide. Il en est de même du trèfle incarnat et du lupin.

Ce sont là des considérations qui doivent intervenir pour déterminer la succession des cultures.

C'est ainsi qu'il sera préférable, le cas échéant, de chauler en tête d'assolement pour les grains, et de cultiver en dernière ligne les plantes sarclées ; pommes de terre, rutabagas, betteraves, choux fourragers, etc...

## LA CHAUX EST D'AUTANT PLUS INDISPENSABLE QU'ELLE JOUE UN ROLE PLUS IMPORTANT.

**La chaux est un aliment pour la plante.** — Toute cellule végétale renferme des quantités appréciables de calcium qui s'y trouve sous la forme de composés solubles ou insolubles.

A part quelques exceptions (plantes calcifuges : Azalées, Rhododendrons, etc...).

Les plantes sont même toujours plus sensibles à la privation de chaux qu'à celles des autres éléments fertilisants.

Elles ont, en effet, besoin de chaux :

**Pour produire leurs racines.** — L'addition de chaux accroît la longueur des racines.

**Pour construire leurs membranes cellulaires.** — Les plantes cultivées dans de l'eau chimiquement pure, possèdent des racines gélatineuses, proies désignées pour les bactéries et les champignons, causes des maladies des plantes .

Au contraire, dès qu'on ajoute de la chaux, les racines acquièrent de la fermeté, de la force et de la résistance.

**Pour constituer leurs réserves.** — L'absence de chaux met la cellule végétale dans l'impossibilité d'accumuler de l'amidon, de la fécule, du sucre, etc...

**Pour neutraliser les acides qu'elles produisent.** — Des plantes malades reprennent leur vigueur après une application de chaux qui leur permet de neutraliser les acides qui entravaient leur nutrition.

**Il faut donc que la plante trouve dans le sol la chaux dont elle a besoin.** — Nous ajouterons même que cette richesse en chaux des fourrages est une condition essentielle, dès qu'il s'agit du bon développement du bétail d'élevage, dont la chaux constitue, avec l'acide phosphorique, le principal élément du squelette.

Partout cette amélioration des races animales dépend, en grande partie, des chaulages. Comme preuve nous n'en voulons que l'exemple que nous a donné la Bretagne dont les races animales demeurèrent parmi les plus réduites aussi longtemps que les chaulages furent négligés.

Mais, au contraire des autres engrais chimiques, la chaux ne doit pas être considérée uniquement comme un aliment. Dans le sol lui-même, elle exerce encore nombre d'actions fort importantes.

## LA CHAUX COAGULE L'ARGILE QU'ELLE REND FRIABLE

L'argile, qui est caractérisée par sa remarquable plasticité, est ce constituant qui donne du liant aux terrains arables ; mais, dès qu'il en existe en excès, les sols deviennent difficiles à travailler.

Sous l'action de l'eau, la terre collante et molle se transforme en une boue gluante pour, à la première sécheresse, se rétracter énergiquement.

Or (et ceci présente une grande importance pratique), les sels calcaires possèdent la propriété de coaguler l'argile.

En se liant aux parties argileuses, ils diminuent leur résistance et leur donnent cette friabilité qui leur manque.

Ils assurent la perméabilité du milieu. Conséquence :

## PLUS UN SOL EST ARGILEUX, ET PLUS IL A BESOIN DE CHAUX POUR AMÉLIORER SES PROPRIÉTÉS PHYSIQUES.

C'est la chaux qui :

1° En augmentera la perméabilité ;

2° En assurera l'aération ;

3° Favorisera la nitrification ou transformation de l'azote organique en azote du nitrate ;

4° Rendra le travail plus facile.

On ne doit donc pas hésiter à chauler fortement les terres argileuses.

Dans les terres sablonneuses, au contraire, en raison du manque d'argile, l'apport de chaux, tout en étant aussi indispensable à la vie des plantes n'aura pas besoin d'être aussi élevé.

## LA CHAUX LIBÈRE DES ÉLÉMENTS FERTILISANTS

**La chaux et l'humus.** — Aucune substance ne désagrège plus vite les matières organiques pour les amener à la forme assimilable. Tous les cultivateurs qui font des composts, comme les équarisseurs, qui traitent des cadavres, ont appris à utiliser cette propriété.

Le chaulage sera d'autant plus important que le sol sera plus riche en matières organiques. Par contre, après le chaulage, l'apport de fumier ou d'engrais verts devra compenser l'appauvrissement du sol en matières organiques.

**La chaux et la potasse.** — La majeure partie de la potasse des terres arables se trouve engagée dans des combinaisons insolubles. La chaux, en désagrégeant les silicates alcalins en libère une certaine quantité qui, désor-

mais devenue assimilable est utilisée par le végétal.

Dans les terres naturellement riches en potasse, le chaulage pourra donc produire les mêmes résultats qu'un apport d'engrais potassiques, jusqu'au jour où les réserves seront épuisées.

Dans les terres argileuses, généralement bien fournies en potasse, l'apport d'engrais potassique, après chaulage, ne se fera que sous la forme de fumures de restitution en vue d'éviter l'appauvrissement du sol.

Au contraire, dans des terres légères, pauvres en potasse, l'apport d'engrais potassique devra toujours être consécutif au chaulage et cela non seulement sous forme de fumures d'entretien, mais aussi sous forme de fumure de fond.

**La chaux et l'acide phosphorique.** — L'acide phosphorique des terres arables se trouve surtout combiné au fer et à l'alumine et aux matières organiques. La chaux peut non seulement libérer une partie de cet acide phosphorique, qui risquerait autrement de rester inutilisé; elle favorise encore l'assimilation de l'acide phosphorique incorporé sous la forme d'engrais en en prévenant la combinaison sous des formes insolubles et inutilisables par la plante.

Donc, le chaulage qui épuise le sol en humus et en potasse, l'épuisera aussi en acide phosphorique, et cela proportionnellement à l'augmentation des rendements.

Or, on sait que :

## POUR MAINTENIR LA PRODUCTIVITÉ DES SOLS, IL FAUT RESTITUER LES PRINCIPES EXPORTÉS PAR LES RÉCOLTES.

Il en résulte que le chaulage doit avoir comme corollaire un apport d'engrais plus abondant.

## LA CHAUX AUGMENTE L'ACTIVITÉ MICROBIENNE DES SOLS

Une terre stérilisée voit ses rendements diminuer, car les microorganismes sont indispensables à l'alimentation des plantes

Or, les microorganismes les plus utiles, ont une prédilection marquée pour les milieux légèrement alcalins, c'est-à-dire assez riche en chaux.

Par exemple, en l'absence de chaux, la nitrification ne se fait plus. Ceci explique qu'en certaines terres dépourvues de calcaires, le sulfate d'ammoniaque qui, dans le sol, doit être transformé en nitrate, ne produit pas toujours d'aussi bons effets que le nitrate lui-même.

Pour cette raison encore, il est donc nécessaire de chauler.

# TENEUR EN CHAUX

## DES

# Sols de la Sarthe

————×————

| N°° | CHAUX pour 1.000 |
|---|---|
| **Aigné** | |
| 257. Courteil, l'Euche, terre franche .............. | 1,1 |
| 258. La Forêt, terre légère.... | 0,9 |
| 259. La Buchetière, les Ajoncs, terre légère ........... | 0,3 |
| **Aillières** | |
| 129. Le Tertre, terre forte... | 37,0 |
| 130. Boularderies, terre forte | 2,5 |
| 131. La Fosse, terre légère.... | 75,0 |
| 025. Ferme d'Aillières ....... | 0,7 |
| **Allonnes** | |
| 501. La Gennetière, terre légère ............... | 7,5 |
| 502. Le Guédon ............. | 3,4 |
| 503. Sangré, terre forte ..... | 2,8 |
| **Amné** | |
| 887. Les Petites Groies, terre franche ............. | 20,5 |
| 888. La Robinière, terre forte | 14,2 |
| 889. Bourg, terre franche.... | 17,9 |
| **Ancinnes** | |
| 939. La Calendre .......... | 3,2 |
| 940. Châtelet .............. | 2,8 |
| 941. Les Fontenue· ......... | 24,5 |

| N°° | CHAUX pour 1.000 |
|---|---|
| **Arçonnay** | |
| 574. Le Petit Maleffre (à la Noiras), terre forte.... | 0,9 |
| 575. Le Parc Poisson (champ de l'Ecusson), terre forte ................... | 2,1 |
| 576. La Hellerie (Les Bonieux), terre forte...... | 2,7 |
| (Réaction acide) | |
| **Ardenay** | |
| 871. Les Faux, terre légère.. | 0,8 |
| 872. La Cahainière, terre légère | 0,8 |
| 873. Jardin de l'Ecole, terre légère ............... | 14,8 |
| **Arnage** | |
| 263. La Vallée, terre légère (jaune) ............... | 0,1 |
| 264. La Sapinette, terre légère (brune) ............... | 0,1 |
| **Arthezé** | |
| 721. La Cour d'Auvers, terre légère ............... | 0,5 |
| 722. La Motte, terre forte .... | 0,9 |
| 725. La Gandonnière, terre franche .............. | 1,8 |
| **Asnières-sur-Vègre** | |
| 93. Les Claies, terre légère .. | 1,5 |
| 94. Les Landes, terre franche | 1,9 |
| 95. La Brissardière, terre forte | 12,0 |

| N°° | CHAUX pour 1.000 |
|---|---|

### Assé-le-Boisne

686. La Béatissière, *terre fran-che* .................. 3,0
687. La Herverie, *terre fran-che* .................. 1,4
688. Le Cormier, *terre forte* .. 3,0

### Assé-le-Riboul

760. Ferme du Château, *terre franche* .............. 9,8
761. Le Clos de la Porte, *terre forte* .................. 70,5
762. Ferme Saint-Nicolas, *ter-re légère* ............ 1,6

### Aubigné

590. Les Gués, *terre légère* .... 2,5
591. Champrond, *terre forte*.. 37,0
592. La Pelouse, *terre légère* . 6,2

### Aulaines

689. Ferme du Bourg-d'Aulai-nes, *terre légère* ....... 1,0
(Réaction acide)
690. Le Gage, *terre franche*.. 0,7
(Réaction acide)
691. Le Bel Air, *terre forte*.. 1,3

### Les Aulneaux

1080. Les Champceaux, *terre franche* ............. 1,2

### Auvers-le-Hamon

489. La Pichardière, *terre franche* .............. 7,2
490. Le Ronceray, *terre légère* 8,5
491. Les Hardières, *terre forte* 2,9
04. La Coquelinière, *terre forte* .................. 15,0
05. Les Hardières, *terre forte* 1,6

### Auvers-sous-Montfaucon

1003. La Cassine (échantillon n° 1), *terre douce* ....... 2,5
1004. La Cassine, échantillon N° 2, *terre douce* ........ 4,1

### Avesnes

637. La Gaillarderie, *terre franche* .............. 3,1
638. Le Buchard, *terre franche* 0,9

### Avessé

777. Échantillon N° 1 ....... 1,7
778. La Sorterie, *terre franche* 3,1
779. La Houssaye, *terre légère* 2,4

### Avezé

1047. La Grande Crochetière, *terre forte* .......... 2,1
1048. La Roche, *terre ½ forte*.. 1,6
1049. La Gauche .............. 3,4

### Avoise

583. La Fine, *terre légère*.... 52,0
584. Denneray, *terre franche* . 2,9
585. La Tuillère, *terre légère* . 0,6

### Le Bailleul

63. Les Loges, *terre fran-che* .................. 1,6
64. La Chauvraie, *terre fran-che* .................. 8,0
65. L'Anglatière, *terre fran-che* (1 k. 300)........... 10,0
041. Le Cabaret, *terre sableu-se* .................. 9,2

### Ballon

160. Chaugrunières, *terre fran-che* .................. 5,8
161. Petit Ouche, *terre fran-che* .................. 6,1

### Bazouges-sur-le-Loir

526. La Galoisière, *terre fran-che* .................. 2,5
527. La Baronnière, *terre légè-re* .................. 1,9
528. La Souchardière, *terre lé-gère* .................. 3,2

| Nos | CHAUX pour 1.000 |
|---|---|

## La Bazoge

710. Beaumanoir, terre forte.. 0,9
711. La Maison Neuve, terre franche............... 0,3
(Réaction acide)
712. La Chesnaie, terre légère 0,7

## Beaufay

135. Les Noës, terre forte.... 1,2
136. La Joussandière, terre légère ................. 0,4
137. La Haute - Blanchardière, terre franche ......... 0,1
(Réaction acide)

## Beaumont-la-Chartre

202. Les Rocheréaux ........ 1,3
203. Les Châtaigniers ....... 1,6

## Beaumont-Pied-de-Bœuf

368. Couasmes, terre forte .... 3,8
369. Le Plessis, terre forte.... 1,5

## Beaumont-sur-Sarthe

165. La Lardière, terre légère, caillouteuse ......... 0,4

## Beauvoir

448. La Locherie, N° 1........ 0,9
449. La Locherie, N° 2........ 1,8
450. La Locherie, N° 3........ 77,0

## Beillé

736. La Tremblaie, terre légère ................. 1,7
737. La Grouas, terre légère... 2,0

## Berfay

132. La Lande, terre franche. 0,4
133. La Guinebourdière, terre légère ................. 0,3
134. La Neveurie, terre franche 0,4

## Bernay-en-Champagne

1053. La Quicauderie (petite 'Grouas) ............... 38,0

## Bérus

243. La Grisonnière ......... 2,0
244. La Rivière............... 1,2
245. Le Pâtis .............. 0,01

## Bessé-sur-Braye

252. Sablonnière, terre légère 0,8
253. La Montintière, terre franche .................. 2,0
254. Chêne, terre franche.... 2,3
0105. Les Boderies .......... 1,1
0177. La Gourdière ......... 1,7

## Béthon

542. Les Parcs, terre franche 3,1
543. Les Grouas, terre légère 194,8
544. Butte de Crasnes ....... 1,2
545. Les Champs Roux, terre forte .............. 27,8

## Blèves

1081. Les Mares Jumelles, terre argileuse ............. 0,5

## Boëssé-le-Sec

185. La Racinière, terre forte 1,8
186. Grand-Aunay, terre franche .................. 1,5
187. La Morinière .......... 1,6

## Bonnétable

648. La Regadellerie, terre forte .................. 2,1
649. Terre légère (échantillon N° 2) ............... 3,4
069. La Soudairie .......... 4,0

## La Bosse

768. La Guiberdière, terre forte .................. 1,6
(Réaction acide)
769. La Patronière, terre forte 1,2
770. Le Bois Gars, terre forte 0,4
(Réaction acide)

| N°° | CHAUX pour 1.000 |
|---|---|

## Bouër

386. La Métairie, terre forte.. — 1,8
387. Les Gros-Bois, terre franche .................. — 0,9
388. Pincelouët, terre légère.. — 0,01
(Réaction acide)

## Bouloire

564. La Juquelière .......'.... — 2,4
565. La Gelinière, terre forte — 2,9
566. Le Cassepot, terre légère. — 0,3
(Réaction acide)
0108. L'Ormeau ............, — 0,2

## Bourg-le-Roi

1082. Les Sept Jours du Pou-'plain, terre franche..... — 2,7

## Boussé

193. La Bonhommière, terre franche .............. — 1,8
194. La Pucelinière, terre forte — 2,5
195. La Grande-Beaumerie, terre forte .............. — 1,7

## Brains

771. La Tuilerie, terre forte.. — 1,7
772. La Livaudière, terre fran-'che .........'......... — 0,7
773. Champ Fleury (Champ du Bois), terre légère . — 2,4
06. Le Méruau ............. — 47,0

## Breil-sur-Mérize

22. Ferme de Tillé, N° 1, terre forte ............. — 4,5
23. Ferme de Tillé, N° 2, terre franche ............ — 0,6
24. Ferme de Tillé, N° 3, terre légère ........... — 1,2

## Brette

492. Les Châtaigniers, terre franche .............. — 9,5
493. La Sapinière, terre légère — 0,9
494. Le Coudereau, terre sableuse, légère ....... — 0,1
(Réaction acide)

## Briosne

1057. La Petite Brosse, terre douce ............... — 1,1

## La Bruère

817. La Petite-Maison Rouge, (La Dépoue) ......... — 0,3
(Réaction acide)
818. La Petite-Maison Rouge (Les Graviers) ........ — 1,2
(Réaction acide)
819. La Petite-Maison Rouge (Landes de Piboyé).... — 1,6
(Réaction acide)

## Brûlon

216. La Bretèche, terre franche — 8 5
217. La Varenne, terre franche — 2,9
218. Le Minerai, terre franche — 3,1
219. La Bècre, terre forte.... — 11,8

## Cérans-Foulletourte

401. Les Petites Éculais, terre légère ............. — 0,9
402. La Souletière, terre légère .................... — 230 0
403. Le Grand Livernois, terre forte ................., — 255,0

## Chahaignes

1043. Terre sableuse ......... — 3,7
1044. Terre légère ........... — 4,1
1045. Terre marneuse ....... — 98,8

## Challes

495. Les Gâtes, terre légère. — 11,9
496. Le Tertre, terre franche — 8,2
497. Le Petit Coudray, terre forte ................. — 2,1

## Champagné

268. Les Hauts Villiers, terre franche ............. — 1,4
269. A Verdun, terre forte.. — 1,5
270. Aux Ferrières, terre légère ................ — 0,8

| N°° | | CHAUX pour 1.000 |
| --- | --- | --- |

### Champaissant

903. Ferme du Bourg, terre légère ................ 20,0
904. La Hellerie, terre franche 0,9
905. Le Teillé, terre forte .... 12,0

### Champfleur

360. Ferme de Groutel, terre forte ................. 172,0
361. Propriété de Kérauflec, terre forte .......... 3,4
362. Propriété de la commune de Champfleur, terre forte ............... 187,0
02. La Barre ................ 60,0

### Champrond

1005. Bas-Maineau, terre forte, maussade ............. 0,9
1006. Bas-Maineau, terre franche, douce, N° 2 ...... 1,5
1007. Bas-Maineau, terre franche, douce, N° 3 ...... 2,7
1008. Bas-Maineau, terre légère, brûlante, N° 4 ...... 0,7

### Changé

27. Ferme du Perquoy, terre forte ................. 0,7
(Réaction acide)
28. Ferme du Pin, terre franche ................ 0,8
29. Ferme des Galets, terre légère ............... 10,0

### Chantenay

621. Thomazin, terre franche . 6,5
622. L'Abbaye, terre forte .... 8,3
623. La Minotière, terre légère 3,5

### La Chapelle-aux-Choux

774. Vauboulin, terre légère .. 1,2
775. Patouillard, terre franche 0,4
(Réaction acide)
776. La Fosse, terre légère ... 1,7
981. La Poulardière ........ 3,5

### La Chapelle-d'Aligné

704. Champ d'Expérience, terre légère .............. 1,1
(Réaction acide)
705. Les Tuileries, terre légère ................... 4,8
706. Les Pichonnières, terre légère ............... 2,3

### La Chapelle-du-Bois

157. La Barrière, terre franche 1,7
458. La Croix, terre franche .. 0,7
(Réaction acide)
459. Les Primaudières, terre franche ............. 3,8
014. La Haute-Biche ....... 0,9

### La Chapelle-Gaugain

460. La Dérazerie, terre forte. 52,0
461. La Guittière, terre forte.: 4,5
462. La Cottinière, terre légère 5,7

### La Chapelle-Huon

346. Le Tertre, terre franche. 3,1
347. La Barre, terre forte.... 2,5
347. Le Marchais, terre forte. 1,8

### La Chapelle-Saint-Aubin

866. St-Christophe, La Grande-Lande ........... 0,8
867. Le Godet, Le Champ Quincampoix, terre forte ................... 0,2

### La Chapelle-Saint-Fray

108. Petit-Rocher, terre légère. 2,0
109. Les Reinebaudières, terre forte ................. 0,6
110. Le Minerai, terre forte .. 1,9

### La Chapelle-Saint-Rémy

856. La Chenebaudière, Champ du Parc ............. 9,3
857. La Grande-Bionnière, Champ du Milieu, terre humide ............. 0,5
858. La Garlandière, Grand-Champ, terre sablonneuse ............... 7,2

4

| N° | | CHAUX pour 1.000 | N° | | CHAUX pour 1.000 |
|---|---|---|---|---|---|

### La Chartre-sur-le-Loir

472. La Ruaudière, terre forte. 3,2
473. La Borde-au-Moine, terre forte .............. 2,7

### Chassé

853. Les Bandes, terre forte. 5,1
854. La Haize, terre légère... 1,1
855. Brustel, terre franche.... 2,1
031. Le Haut-Chemin, la Prairie ................ 1,0

### Chassillé

177. La Chellerie, sable ...... 1,7
178. La Papillonnière, argile, calcaire, sable ........ 4,2

### Château-L'Hermitage

293. La Cure, terre forte, terrain appelé : La Haute-Porte ................ 0,08
294. La Pièce, terre franche, terrain appelé : Le Verger ................ 0,2
295. La Cure, terrain appelé Petit-Champ ........ 225,0

### Château-du-Loir

677. Bois Gautier, terre légère (landes) ............ 1,2
678. Pris au bas du Coteau de Goulard, terre franche. 255,0
679. Point-du-Jour, terre forte. 3,2

### Chaufour

921. La Métairie, terre forte .. 2,3
922. L'Aubrière, terre franche 0,5
(Réaction acide)
923. Le Chêne-Vert, terre légère ................ 0,9
(Réaction acide)

### Chemiré-en-Charnie

439. La Grange (Champ-de-Mars), terre mouillante 2.3
440. Ferme de Paris (Champ du Boisac), terre ordinaire ................ 0,8
441. Ferme de l'Audiane (Champ de l'Ouche), terre forte .......... 1,2

### Chemiré-le-Gaudin

680. Une ferme de Chauvigné, terre forte ......,..... 1,5
681. Une ferme des Tournes, terre légère ......... 2,8
682. La Ferme de Virfollet, terre forte ........... 52,0

### Chenay

1059. Le Coudray, Champ du Plan, terre franche ... 2,3
1060. Le Coudray, Champfleuri, terre forte ........ 3,7

### Chenu

1083. Pépinière départementale, partie argileuse ...... 2,6
058. Pépinière départementale, partie sableuse ........ 4,1

### Chérancé

842. Les Feuillantines, terre forte ................ 3,4
843. La Gaucherie, terre légère ................ 13,9
844. Chétiveau, terre forte ... 28,6

### Chérisay

1013. Le Grand-Chauvel, terre rouge, brûlante, N° 1.. 75,0
1014. Le Grand-Chauvel, terre mouillante, N° 2...... 122,0
1015. Le Grand-Chauvel, terre forte, N° 3 ......... 18,0

| N⁰ˢ | CHAUX pour 1.000 |
|---|---|

## Cherré

826. Brisson, terre forte ..... 1,3
    (Réaction acide)
827. Les Rieux, terre forte .. 3,6
828. Ecole des Garçons, terre franche ............... 62,5

## Cherreau

433. Chantenay, pré humide. 0,3
    (Réaction acide)
434. Chantenay, terre franche 1,7
435. La Mahoulente, terre forte ................... 2,0

## Le Chevain

624. La Brosserie, terre légère 1,8
625. La Pitrie, terre forte .... 15,2

## Chevillé

804. Chauvigné ............. 1,8
805. La Pâture ............. 13,9
806. Les Teillais ........... 4.8

## Clermont-Créans

812. Guignes-Folles, terre franche ............... 0,6
    (Réaction acide)
813. Créans, terre légère .... 1,1
814. La Baudrière, terre franche ................ 4,6

## Cogners

785. La Maison-Neuve, terre légère ............... 0,6
    (Réaction acide)
786. Guérinet, terre franche . 1,2
    (Réaction acide)
787. Le Perray, terre forte .. 1,1
0104. Bourefruit ............ 1,9

## Commerveil

363. La Turpinière, terre légère 3,8
364. La Cour-de-Biars, terre forte ................ 12,2
366. Les Brières, terre franche 10,7

## Conflans

831. Montfrellon, terre forte . 1,0
    (Réaction acide)
832. La Pitié, terre franche .. 7,9
833. Mocque-Souris, terre forte 0,6
    (Réaction acide)

## Congé-sur-Orne

162. Les Coudrais, terre forte. 2,8
163. Les Ronces, terre légère. 11,2
164. La Folinière, terre franche ................ 6,2
080. La Bénoche ........... 0,3

## Conlie

188. Cranne, terre forte...... 1,6
189. La Vicomté, terre franche 2,2
190. Rue de l'Eglise, terre franche ............. 1,8
1046. Jardin de l'Ecole, terre légère ............. 125,0

## Connerré

471. Les Cohernières, terre franche ............. 0,4
471 bis. Ferme de Beauvais, terre légère ......... 1,2

## Contilly

758. Les Aigrefins ......... 39,8
759. Ferme du Bourg ...... 17.3

## Contres

1056. Le Malvat, terre argilo-calcaire ............. 15,7

## Cormes

671. Le Champ-Blossier .... 4,5
672. Le Butin, terre franche .. 5,9
673. Le Panet, terre légère.. 175,0
015. L'Orme ............... 10,0
016. La Chaussée .......... 8,0

| N°° | CHAUX pour 1.000 |
| --- | --- |

### Coudrecieux

605. La Franchaise, terre franche ............... 0,5
(Acide).

040. La Franchaise, terre franche ............. 0,5
(Acide).

606. Les Méhaberts, terre légère ................ 1,8
607. Les Bostières, terre forte 0,7

### Coulaines

997. Les Marches, terre sablonneuse ........... 0,9

### Coulans

1028. La Vaulerie, sol ........ 0,7
1029. La Vaulerie, sous-sol ... 0,5
1030. Ferme de Launay-Guillu, sol .................... 1,2
124. L'Aunay-Guillu, N° 1.... 0,5
1031. Ferme de Launay-Guillu, sous-sol .............. 0,8
046. La Névouerie ........... 0,6
123. Le Paty, argile et sable.. 1,5
125. La Drouerie, marnes argileuses ............... 3,7

### Coulombiers

1084. Bonivent, terre franche. 1,6

### Coulongé

968. Chemin de Pontvallain.. 80,0
969. Chemin de Luché ...... 0,9

### Courcebœufs

468. La Buchetière .......... 14,9
469. La Boëlle, terre légère ... 1,7
470. Le Creux ............... 0,4
(Réaction acide)

### Courcelles

174. Vieux-Château, terre légère ................ 0,4
175. L'Eclicherie, terre forte . 0,8

| N°° | CHAUX pour 1.000 |
| --- | --- |

176. La Petite Chevalerie légère ............... 1,2
0121. La Moricelière ......... 2.8

### Courcemont

445. La Coletterie, terre légère 0,1
(Réaction acide)
446. Le Réveillon, terre forte. 3,4
447. Les Chères, terre moyenne .................. 1,4

### Courcival

976. La Tuilerie ............ 2,0
977. La Brosse ............. 1,2

### Courdemanche

321. La Huberdière, terre franche, dénommée « Bournais » ............... 0,5
322. La Bardouillère, terre forte, dénommée « Obueuse » .................. 0,3
323. Le Fresne, terre franche, dénommée « Gruette » 0,6

### Courgains

1085. Courbeton, terre franche. 1,0

### Courgenard

529. La Fosse-aux-Loups, terre forte ............... 3,9
530. La Hervetière, terre assez forte ................ 4,5
531. La Chaillouette, terre légère ................ 1,1

### Courtillers

965. Ferme de la Gravière, au Bourg, terre forte .... 0,4
966. Closerie au Bourg, terre moyenne ............. 1,1
967. Le Houssay, terre légère 2,0

### Crannes

314. Les Grimaux .......... 2,8
315. Au Bourg ............. 215,0
316. Bel-Air ............... 3,8

| Nᵒˢ | CHAUX pour 1.000 |
| --- | --- |

## Cré-sur-Loir

599. Le Jardin de l'École, terre légère .......... 4,2
600. La Maillardière, terre légère .............. 2,7
601. La Lande, terre légère .. 0,8

## Crissé

1036. Terre près du Bourg, terre plutôt forte ...... 38,4
1037. Terre légère .......... 75,0

## Crosmières

513. Les Lilas, terre franche, Clos Vivier .......... 1,8
514. La Guerrière, terre forte, La Grande-Corme .... 2,2
515. L'Étournière, terre légère, Champ de la Croix 1,4

## Cures

220. Le Petit-Clos, terre forte 2,0
221. Le Vauroin, terre de Groie 1,4
222. La Pinsardière, terre légère .............. 1,5
081. La Coudraie .......... 1,4

## Dangeul

80. Petit-Chevray, terre franche .................. 7,5
81. Chapitre, terre franche.. 6,8
82. La Chesnaie, terre franche ................. 7,5

## Degré

820. La Bouteillerie ........ 0,7
821. La Vagottière ........ 0,3
822. Les Petits-Moulins ...... 2,8

## Dehault

996. Terre du Bourg ........ 0,7

## Dissay-sous-Courcillon

454. Jardin de l'École ........ 175,0

## Dissé-sous-Ballon

486. La Toulie, terre légère .. 5,7
487. Le Petit-Moulny, terre forte ................. 0,9
488. Ferme de Riousse, terre franche ............. 6,1

## Dissé-sous-le-Lude

924. La Blinière, terre légère (bournais) .......... 3,8
925. La Brosse, terre moyenne consistance .......... 2,2
926. La Ferdreie, terre légère 8,1
927. Laurière, terre tourbeuse 12,2

## Dollon

213. La Fontaine-Barré, terre légère .............. 0,9
214. Loyau, terre franche .... 1,6
215. La Saule, terre légère .. 2,3

## Domfront-en-Champagne

96. La Grésille, terre légère. 280,0
97. La Brigade, terre légère.. 175,0
98. L'Hôtel, terre franche... 228,0

## Doucelles

650. Le Verger (vers Vivoin), terre franche .......... 2,2
651. A Renoiseau (vers Chérancé) ............... 0,9

## Douillet-le-Joly

474. Le Plessis, terre franche . 0,8
475. L'Aurière, terre légère .. 212,0

## Duneau

168. Montreuil, terre légère... 3,2
169. Le Gril, terre forte ..... 4,7
170. Le Gué, terre légère .... 2,9

## Dureil

366. Le Vivier, terre forte. .. 1,5
367. Mussard, terre légère ... 0,8

| N°° | | CHAUX pour 1.000 |
|---|---|---|

### Écommoy

| 42. La Boulas, terre franche | 3,7 |
|---|---|
| 43. Beaucé, terre très forte.. | 150,0 |
| 44. Les Guérinières, terre légère .................. | 0,4 |
| 0130. Landes, section F. 33... | Traces |
| 1026. Terre de la section F. 34. | 2,7 |
| 1027. Terre de la section F. 29 | 3,1 |

### Ecorpain

| 114. Cubital, terre légère .... | 1,5 |
|---|---|
| 115. Les Creux, terre franche. | 0,6 |
| (Réaction acide) | |
| 116. Les Loges, terre franche | 0,7 |
| (Réaction acide) | |
| 0103. Les Varasses ........... | 0,6 |

### Épineu-le-Chevreuil

| 988. L'Aunay, terre franche, rocailleuse ............. | 0,8 |
|---|---|
| 989. L'Aunay, terre franche, avec pierres à silex.... | 0,7 |
| 990. L'Aunay, terre de groie brûlante, avec pierres calcaires ............... | 122,0 |

### Étival-lès-Le Mans

| 465. Les Deux-Deniers, terre légère ............... | 1,1 |
|---|---|
| 466. La Chaussée, terre légère | 0,8 |
| 467. Les Taconneries, terre légère ................. | 2,7 |

### Évaillé

| 277. La Haute-Cour, terre forte .................. | 0,4 |
|---|---|
| 278. Le Perray, terre franche. | 2,2 |
| 279. Les Blanchardières, terre forte ................ | 1,8 |

### Fatines

| 900. Jardin de l'École ...... | 17,0 |
|---|---|
| 901. Champ de la Pièce...... | 1,0 |
| 902. La Chesnay ........... | 0,8 |

### Fay

| 87. Grand Got, terre franche à venette ........... | 0,4 |
|---|---|
| 88. Haut-Rousset, terre légère | 0,6 |

### Fercé

| 237. La Grande-Bussonnière, terre légère .......... | 1,4 |
|---|---|
| 238. La Chardonnière, terre forte ............... | 1,6 |
| 239. La Foucherie, terre franche, sous-sol argileux.. | 2,3 |

### La Ferté-Bernard

| 644. La Fosse-Fondue, terre argileuse-sableuse .... | 1,8 |
|---|---|
| 645. La Porte-d'Orléans, terre argilo-calcaire ....... | 6,4 |
| 646. La Monge, argile à silex. | 2,8 |
| 647. L'Oseraie, sable argileux | 1,5 |

### Fillé

| 144. La Pommeraie, terre silico-argileuse .......... | 0,6 |
|---|---|
| (Réaction acide) | |
| 145. Les Grandes Iles, terre sableuse, légère ........ | 0,4 |
| (Réaction acide) | |
| 146. La Coix-Robert, terre légère, sable noir, imperméable ........... | 0,6 |
| (Réaction acide) | |
| 063. Les Rouannais, pièce, 11 journaux ........... | 0,3 |
| 064. Les Rouannais, pièce, 25 journaux ........... | 0,8 |
| 065. Les Rouannais, pièce, 13 journaux ........... | 0,8 |
| 066. Les Rouannais, basse .. | 0,8 |

### La Flèche

| 0131. L'Arche, terre douce.... | Traces |
|---|---|

### Fiée

| 796. La Charmoie, terre forte. | 1,3 |
|---|---|
| (Réaction acide) | |
| 797. Le Jarrier, terre franche. | 0,8 |
| 798. La Croix-Bardet, terre franche ............. | 0,8 |
| (Réaction acide) | |

| N°° | CHAUX pour 1.000 |
| --- | --- |

### La Fontaine-Saint-Martin

225. La Borne, terre franche. — 0,6
226. La Grande-Porcherie, terre assez forte — 2,3
227. Les Champs, terre légère — 0,5

### Fontenay

280. La Mercerie, terre légère — 2,1
281. Chennevière, terre forte.. — 1,5
282. La Scensy, terre légère . — 2,2
019. Les Landes — 4,0

### La Fresnaye-sur-Chédouet

652. A Montecouplet, terre forte — 0,8
653. La Reverdenie (route de
Saint-Paul-, terre forte — 2,5
654. La Ménagerie, terre forte — 0,4
(Réaction acide)
028. La Beauge — 1,1

### Fresnay-sur-Sarthe

381. Pré - aux - Maines, terre
forte — 3,9
382. La Madelene, terre légère — 4,5

### Fyé

378. La Plaine, terre calcaire,
sableuse — 425,0
379. Ls Blutteries, terre trois-
quarts argileuse — 22.5
380. Villette, Grande-Route .. — 4,1

### Gastines

1052. Le Coudray, terre silico-
argileuse — 2,1

### Gesnes-le-Gandelin

476. Les Marchais, terre légère — 3,2
477. La Plaine-Monreuil, terre
forte — 12,9
478. La Plaine-Monreuil, terre
forte — 2,7

### Grandchamp

271. La Maisonnette, terre forte — 157.0
272. Coudroux, terre franche. — 32,0
273. Moulin-Neuf, terre calcaire — 85,0

### Le Grand-Lucé

69. Riallaume, terre légère.. — 1,1
70. Miaulne, terre forte .... — 22,0
71. Grichardière, terre forte. — 15,0

### Gréez-sur-Roc

617. A Gandouin, terre forte — 0,9
618. La Taille, terre légère.. — 1,9
619. La Grande-Boissière, terre forte — 3,2
620. La Cohinière, terre pierreuse — 2,4
023. Le Grand Champ de la
Cormerie — 1,3
024. Les Billottières de l'Aunay — 2,5

### Le Grez

410. Bel-Air, terre légère .... — 0,7
411. Le Prieuré, terre forte .. — 2,1
412. La Villière, terre légère. — 0,8

### Guécélard

611. Mondan, terre légère.... — 1,1
612. Mondan, terre légère ... — 0,6
612 *bis*. Le Champ-Bas ....... — 0,9
0124. Les Forges, terre grise.. — Traces
0123. Les Forges, terre jaune. — Traces

### La Guierche

1074. La Ferme, terre douce.. — 0,7
1075. La Ferme, terre forte.. — 1,8
1076. La Boucherie, terre gra-
veleuse — 2,0

### L'Homme

429. Maupertuis, terre légère. — 2,1
430. La Grange, terre franche — 1,2
431. La Grange, terre franche — 0,9

| N⁰⁵ | CHAUX pour 1.000 |
|---|---|
| 432. Le Bourg-Joly, terre humide | 1,7 |
| 0101. Champ des Aulnais | 7,0 |
| 0129. La Gidonnière | 5,9 |

### Jauzé

| | |
|---|---|
| 995. Louzier | 1,0 |

### Joué-en-Charnie

| | |
|---|---|
| 393. Les Cinq-Pignons, terre forte | 7,2 |
| 394. Beaumont, terre franche | 3,5 |
| 07. Le Verger | 1,0 |
| 020. Les Folletières | 2 5 |
| 021. Le Bois-de-l'Isle | 1,8 |

### Joué-l'Abbé

| | |
|---|---|
| 931. Torchalais, terre légère | 2,3 |
| 932. Les Fleurières, terre assez forte | 5,9 |
| 933. Jardin de l'École, terre légère et graveleuse | 7,1 |

### Juigné

| | |
|---|---|
| 596. Le Champ-Clos | 6,3 |
| 597. La Coudre | 1,4 |
| 598. La Hamonnière | 0,2 |

### Julllé

| | |
|---|---|
| 1016. La Fontaine, terre forte | 0,5 |
| 167. Le Verger, terre franche | 4,1 |

### Jupilles

| | |
|---|---|
| 780. Les Forges, terre légère | 2,1 |
| 781. Les Renteries, terre légère | 0,8 |

### Laigné-en-Belin

| | |
|---|---|
| 355. Les Viviers, terre franche | 2,1 |
| 356. La Vallée, terre franche | 3,1 |
| 049. Sormigné, terre forte | 1,2 |
| 050. Sormigné, terre douce | 1,5 |

### Lamnay

| | |
|---|---|
| 19. La Grassière | 63,0 |
| 20. La Charbonnière | 0,7 |
| 21. Les Sables | 0,3 |

| N⁰⁵ | CHAUX pour 1.000 |
|---|---|

### Lavardin

| | |
|---|---|
| 265. Au Bourg | 0,4 |
| 266. Vosparfonds | 0,2 |
| 267. Les Forges, terre légère | 1,2 |
| 060. Le Jet d'Eau | 0,2 |
| 061. La Sapinière du Jet d'Eau | 0,1 |
| 062. La Sapinière de la Fosse | 0,1 |

### Lavaré

| | |
|---|---|
| 407. Les Essarts, terre forte | 1,8 |
| 408. Montlevroux, terre franche | 2,1 |
| 409. La Corvée, terre légère | 0,9 |
| 0109. La Grande-Fourmonnière | 1,3 |

### Lavenay

| | |
|---|---|
| 802. Près de la Gare | 2,3 |
| 803. L'Euche | 2,1 |

### Lavernat

| | |
|---|---|
| 724. La Brougognerie, terre forte | 0,1 |
| (Réaction acide) | |
| 725. La Roncinière, terre légère | 2,1 / 2,1 |
| 726. Les Guilberdières, terre franche | 2,4 |

### Lignières-la-Carelle

| | |
|---|---|
| 344. Lignerotte, terre franche | 0,9 |
| 345. Les Portes-Rouges, terre franche | 1,4 |

### Ligron

| | |
|---|---|
| 985. L'Aunay, terre grasse et collante | 92,0 |
| 986. L'Aunay, terre légère | 2,0 |
| 987. L'Aunay, terre franche | 1,2 |

### Livet

| | |
|---|---|
| 327. La Fosse, terre légère | 1,4 |
| 328. La Fosse, terre franche | 125,0 |
| 329. Haut-Éclair, terre légère | 85,0 |

| Nᵒˢ | CHAUX pour 1.000 |
| --- | --- |

**Lombron**

553. Le Haut-Coutil, terre forte  2,0
554. La Ragottière, terre fran-
    che ...............  0.2
    (Réaction acide)
555. Vaubinard, terre légère  1,6
082. Pré-Neuf .............  1,8
083. Le Chêne-Verger .......  1,6
084. La Tasse .............  2,69
085. La Porte (plateau) ......  1,15
086. Les Carries ...........  8,70
087. La Forêt.............  2,98
089. La Ruette ............  1,98
090. Le Cassoir ............  186,80
091. La Porte (pente Nord)..  17,50

**Longnes**

626. Le Haut-Chansort, terre
    franchie .............  8,3
627. La Pierre, terre franche  9,8
628. L'Enclos, terre franche..  12,5

**Louailles**

288. La Guilberdière .........  1,8
289. La Renardière .........  32,0

**Loué**

1087. Barigné, terre franche .  1,70

**Louplande**

951. La Perrière, terre franche  1,2
952. Vieux-Presbytère terre
    franche .............  1,0
    (Réaction acide)
953. Les Marinières ........  0,8

**Louvigny**

1088. La Maison-Neuve, terre ar-
    gileuse ..............  8,0

**Louzes**

815. Tronc de Velours .......  0,3
    (Réaction acide)
816. Genestay .............  0,3
    (Réaction acide)

**Le Luart**

147. Salé, terre légère .......  1,7
148. Les Cornillères, terre forte  50,
149. La Papillonnière, terre lé-
    gère ...............  0,3
    (Réaction acide)

**Luceau**

639. Le Gué .............  0.4
    (Réaction acide)
640. La Grand-Maison, terre
    forte .............  2,7
641. La Drouauderie, terre
    franche .............  0,6
    (Réaction acide)

**Lucé-sous-Ballon**

698. Le Grand-Champ ......  0,9
699. Saint-Sauveur .........  7,2
700. Les Deux Amants .....  2,3
0133. La Courtillerie .........  Traces

**Luché-Pringé**

1067. Les Aulneaux, terre sa-
    blonneuse ...........  1,2
1068. Les Aulneaux, terre gras-
    se ...............  1,6
1069. Les Aulneaux, terre argi-
    leuse ...............  1,9
1063. Les Grands-Pâtis .......  1,1
1064. La Grande Prairie ......  0,8

**Le Lude**

117. Tutillé, terre légère ....  0,1
    (Réaction acide)
118. Marfrairie, terre légère..  0,06
    (Réaction acide)
119. Aubevoies, terre légère..  2,3
067. Prairie Molidor Nᵒ 1....  13,0
068. Prairie Molidor Nᵒ 2....  0,7

**Maigné**

99. Le Resteau, terre légère.  155,0
100. Vilette, terre forte .....  0,9
101. Belle-Branche, terre légère  62,0

| N° | | CHAUX pour 1.000 |
|---|---|---|

### Maisoncelles

| | | |
|---|---|---|
| 538. | L'Etang, terre légère ... | 2,1 |
| 539. | La Roterie, terre légère. | 1,2 |

### Malicorne

| | | |
|---|---|---|
| 150. | Thibergé .............. | 32,0 |
| 482. | La Vindrinière, terre légère ............... | 0,5 |
| 483. | La Boisselière, terre forte | 175,0 |

### Mamers

| | | |
|---|---|---|
| 540. | La Mare, terre forte..... | 16.8 |
| 541. | Champ d'expériences de l'Ecole primaire supérieure .............. | 22,0 |

### Le Mans

| | | |
|---|---|---|
| 051. | La Malmare .......... | 1,2 |
| 1032. | Asile des Aliénés, le Grand Jardin ........ | 1,6 |
| 1033. | Asile des Aliénés, le Moulin ............... | 4,3 |
| 1034. | Asile des Aliénés, la Pièce ............... | 1,7 |
| 1035. | Asile des Aliénés, la Carrie .............. | 2,9 |
| 11. | Bellevue, terre forte ... | 5,8 |
| 1. | Pépinières Bruneau .... | 5,0 |
| 2. | — .... | 16,0 |
| 3. | — .... | 5,0 |
| 4. | — .... | 25,0 |
| 5. | — .... | 1,0 |
| 6. | — .... | 69,0 |

### Mansigné

| | | |
|---|---|---|
| 504. | La Renardière, terre forte | 35,0 |
| 505. | Le Petit-Plessis, terre légère ............... | 0,08 |
| | (Réaction acide) | |
| 506. | Gesnes, terre forte ...... | 2,9 |

### Marçon

| | | |
|---|---|---|
| 928. | La Saulaie, terre silicocalcaire ............. | 3,7 |
| 929. | Vauveil, terre forte ... | 5,5 |
| 930. | Le Ruisseau, terre légère | 1.0 |
| | (Réaction acide) | |

### Mareil-en-Champagne

| | | |
|---|---|---|
| 1041. | Ferme de la Croix-Verte, terre légère et brûlante | 12,4 |
| 1042. | La Croix-Verte, terre douce, mouillante ........ | 2,1 |

### Mareil-sur-Loir

| | | |
|---|---|---|
| 559. | Terre forte ............ | 3,4 |
| 560. | Les Iles, terre franche .. | 1,3 |

### Maresché

| | | |
|---|---|---|
| 837. | La Bussonnière, terre légère ............... | 0.8 |
| 838. | Les Brichardières, terre forte ................. | 5,2 |
| 166. | Le Mortier ........... | 0,4 |
| | (Réaction acide) | |

### Marigné

| | | |
|---|---|---|
| 945. | La Pièce du Ruisseau.. | 0,9 |
| | (Réaction acide) | |
| 946. | La Pièce du Cavier .... | 0,5 |
| | (Réaction acide) | |
| 947. | Jardin de l'Ecole ....... | 0,2 |
| | (Réaction acide) | |

### Marollette

| | | |
|---|---|---|
| 427. | La Cour ............. | 7,3 |
| 428. | Beaubuisson .......... | 122,0 |

### Marolles-les-Braults

| | | |
|---|---|---|
| 413. | La Rouérie, terre franche | 1,7 |
| 414. | Les Berthes, terre franche | 6,5 |
| 415. | Les Harriers, terre franche ............... | 2,1 |

### Marolles-les-Saint-Calais

| | | |
|---|---|---|
| 0102. | Le Grand-Coudray ...... | 1,5 |
| 274. | La Fontaine, terre forte. | 3,0 |
| 275. | Les Tesnières, terre marécageuse ............ | 2,5 |
| 276. | Le Haut-Rossay, landes | 0,2 |
| | (Réaction acide) | |

Nᵒˢ — CHAUX pour 1.000    Nᵒˢ — CHAUX pour 1.000

## Mayet

522. Le Bois Mialle, terre légère .................. 0,4
523. Les Carrotières, terre forte .................... 2,7
524. Aux Caves Rochettes, terre légère ............ 31,0
525. Champ - d'Alouette, terre légère .............. 1,7

## Les Mées

906. Le Besnardué, terre légère 1,2
907. La Roche, terre calcaire. 290,0
908. Le Besnardué, terre argilo-calcaire . .......... 24,0
909. Terre du Pré ......... 120,0
910. Terre tourbeuse ........ 160,0

## Melleray

317. Breteau ............... 1,5
318. La Cave .............. 2,2
319. Le Grand-Pré ......... 1,8
320. Les Petites-Chapelles .... 2,5

## Meurcé

834. Coardons .............. 6,6
835. Les Pierres ........... 6,7
836. Les Haies ............. 1,8
011. La Cour .............. 12,0

## Mézeray

336. Ferme du Boucteau, terre franche .............. 1,1
337. La Brisardière, terre légère ................... 1,0

(Réaction acide)

338. Pont-Angevin, terre légère ................... 0,3

## Mézières-sous-Ballon

890. La Coudraie, terre forte 1,1
891. L'Ange - Marie, terre légère .................. 2,0
892. La Guinaudière, terre forte ................... 5,0

## Mézières-sous-Lavardin

416. La Goutte-d'Or, terre légère ................... 3,3
417. Boizouges, terre légère . 272,0
418. Le Désert, terre forte ... 2,9

## La Milesse

419. Bourg-Neuf, terre légère. 2,1
420. La Morinière, terre forte 0,5

(Réaction acide)

421. La Grande-Maison, terre franche .............. 1,4

## Moitron

383. Le Bercon, terre légère.. 2,7
384. La Roche, terre franche. 3,2
385. La Bruyère, terre légère. 2,2

## Moncé-en-Belin

240. Le Gandelin, terre légère 0,6
241. L'Anaret, terre légère .. 0,6
242. Le Taillis, terre franche 1,4

## Moncé-en-Saosnois

1002. La Marnière ........... 1,8

## Monhoudou

138. Grands Monceaux, terre légère ............... 2,4
139. La Péchardière, terre franche .............. 11,0
140. Faumusson, terre franche ................... 0,8

## Montabon

479. La Moraussière ........ 2,9
480. Terre du Bourg ........ 1,7
481. La Mercerie .......... 2,5

## Montaillé

1050. Beaucé, bournais fort .. 1,4
1051. Les Cendières, bournais doux ................ 0,7

| N°s | CHAUX pour 1.000 |
| --- | --- |

## Montbizot

| 896. | Le Voisinet, terre forte.. | 0,3 |
| 897. | Pavillon, terre forte .... | 0,1 |
| | (Réaction acide) | |
| 898. | Conillères, terre forte ... | 0,9 |
| 899. | Bréhaudière, terre forte. | 12,0 |

## Montfort-le-Rotrou

| 792. | La Bréhannière, terre légère ... | 0,4 |
| 793. | Mondoublerain, terre légère ... | 0,8 |
| 794. | Montrolière, terre franche ... | 20,6 |
| 795. | Terre franche ... | 9,7 |
| 053. | Les Haras, N° 1 ... | 2,2 |
| 054. | — N° 2 ... | 12,6 |
| 055. | — N° 3 ... | 11,8 |
| 056. | — N° 4 ... | 5,2 |

## Montigny

| 1089. | La Cassinière, terre douce | 1,6 |
| 1090. | La Tournandière, terre franche ... | 2,5 |

## Montmirail

| 741. | La Beaucerie, terre forte. | 1,5 |
| 742. | La Reine-Bouvière, terre légère ... | 0,9 |

## Montreuil-le-Chétif

| 663. | Le Pigeonnier, terre franche ... | 1,9 |
| 664. | La Roche, terre forte.... | 0,4 |
| | (Réaction acide) | |
| 665. | Les Vaux-Halliers, terre franche ... | 2,7 |
| 666. | Le Beauchêne ... | 3,2 |
| 667. | La Croix, terre franche. | 4,9 |
| 668. | La Balotterie, terre siliceuse ... | 0,6 |
| | (Réaction acide) | |
| 669. | Les Tuileries, terre forte | 1,4 |
| | (Réaction acide) | |
| 670. | Le Frémusson, terre forte | 1,2 |

## Montreuil-le-Henri

| 25. | Ferme de Fontaine, terre forte ... | 22,0 |
| 26. | Ferme des Charbonneries, terre forte ... | 8,0 |

## Mont-Saint-Jean

| 72. | Laveau, terre forte ... | 8,0 |
| 73. | La Voie, terre forte .... | 0,4 |
| 09. | Lavau ... | 0,8 |

## Moulins-le-Carbonnel

| 516. | Le Minerai, terre forte.. | 0,9 |
| 517. | Le Pont, terre légère ... | 2,2 |
| 518. | Les Ruaux, terre franche | 3,5 |

## Mulsanne

| 210. | La Belle-Vue et La Fuie, terre forte ... | 0,7 |
| | (Réaction acide) | |
| 211. | Les Bois, terre franche.. | 7,7 |
| 212. | Les Rôtis, terre légère .. | 0,7 |
| 0125. | Les Hunaudières, prairie humide ... | Traces |
| 0126. | Les Hunaudières, prairie marécageuse ... | Traces |

## Nauvay

| 635. | Les Granges, terre forte. | 2,7 |
| 636. | Le Cervolet, terre forte . | 1,5 |

## Neufchâtel

| 823. | La Perdrière, terre franche ... | 2,4 |
| 824. | La Lande, terre franche | 2,1 |
| 825. | La Robinetterie, terre franche ... | 5,6 |

## Neuvillalais

| 260. | La Champagne de Mézières ... | 7,7 |
| 261. | Brice ... | 2,0 |
| 262. | Le Bouillonnay ... | 1,6 |
| | (Réaction acide) | |

| N°° | | CHAUX pour 1.000 |
|---|---|---|

**Neuville**

| 782. Champ du Calvaire | 0,8 |
|---|---|
| (Réaction acide) | |
| 783. Champ de la Garenne | 1,0 |
| (Réaction acide) | |
| 784. Champ du Port | 1,2 |
| (Réaction acide) | |

**Neuvillette**

| 36. La Minetterie, terre franche | 31,0 |
|---|---|
| 37. Le Saulay, terre franche | 0,5 |
| 38. La Butte du Gros-Chêne, terre légère | 1,1 |

**Neuvy-en-Champagne**

| 567. Les Pimpenais | 75,9 |
|---|---|

**Nogent-le-Bernard**

| 16. Le Gué, terre marneuse | 147,0 |
|---|---|
| 17. Lépinay, terre de Roussard | 105,0 |
| 18. La Croix-Brin, terre forte | 1,2 |
| 93. Champ d'expériences | 1,3 |

**Nogent-sur-le-Loir**

| 463. Les Bois | 0,7 |
|---|---|
| 464. Terre du Bourg | 3,2 |

**Nouans**

| 90. Le Fretay, terre franche | 12,0 |
|---|---|
| 91. Bel Air, terre forte | 8,0 |
| 92. La Rabellerie, terre franche | 3,0 |

**Noyen**

| 859. Les Houleries | 1,6 |
|---|---|
| 860. Les Maraudières | 15,7 |
| 829. Chevereau, terre légère | 2,9 |
| 830. Rousselières, terre marneuse-siliceuse | 1,0 |

**Nuillé-le-Jalais**

| 66. Bois-Torchet, terre légère, calcaire | 220,0 |
|---|---|

| N°° | | CHAUX pour 1.000 |
|---|---|---|

| 67. Les Verdries, terre légère, sableuse | 0,6 |
|---|---|
| 68. Touche de Vaux, terre franche | 12,0 |

**Oisseau-le-Petit**

| 1022. Les Camps Roux, terre légère, pierroteuse et calcaire | 45,9 |
|---|---|
| 1023. La Nouéras, terre franche et douce | 1,1 |

**Oizé**

| 1070. Terre du Bourg, terre légère, profonde, un peu humide | 1,8 |
|---|---|
| 1071. Terre du Bourg, terre forte, très profonde | 5,2 |
| 1072. Terre du Bourg, terre très forte, compacte, durcit beaucoup | 3,2 |
| 1073. Terre du Bourg, terre forte, très calcaire | 10,8 |

**Panon**

| 7. Terre de labour | 37,0 |
|---|---|

**Parcé**

| 507. La Jutelière, terre légère | 0,1 |
|---|---|
| (Réaction acide) | |
| 508. Le Grand-Breil, terre légère | 2,8 |
| 509. La Bénardière, terre forte | 2,7 |

**Parennes**

| 357. La Bosse, terre forte | 7,2 |
|---|---|
| 358. Les Loges, terre forte | 2,7 |
| 359. Le Chat-Damné, terre forte | 4,1 |

**Parigné-le-Pôlin**

| 631. Domaine des Perrets, terre forte | 1,8 |
|---|---|
| 632. La Grasse-Teille, terre légère | 0,3 |
| (Réaction acide) | |

| N°° | | CHAUX pour 1.000 |
|---|---|---|

633. La Métairie, terre légère, sableuse ............ 2,4
634. La Métairie, terre légère, sableuse ............ 1,8

### Parigné-l'Evêque

102. Gués-Trouvés, terre légère ............ 1,1
103. Chaumaisonnières, terre légère ............ 1,4
104. Rapaillard, terre forte.... 4,5

### Notre-Dame-du-Pé

157. La Gandonnière, terre forte ............ 2,3
158. La Jublancerie, terre forte ............ 2,5
159. Terre du Bourg, terre argileuse ............ 32,6

### Peray

879. Terre de labour, en prairie naturelle ............ 20,5
880. Prairie ............ 0,4
(Réaction acide)

### Pezé-le-Robert

571. La Troussardière, terre légère ............ 2,3
572. La Grifferie, terre forte.. 1,8
573. La Prévôté, terre franche 2,9

### Piacé

151. Moire, terre forte ....... 0,7
152. Les Marais, terre forte... 0,3
153. La Moltonnière, terre franche ............ 1,3

### Pincé

580. La Chardonnière, terre légère ............ 0,7
581. La Thuaudière, terre légère ............ 0,8
582. La Chardonnière (Landes) terre légère ............ 0,4

### Pirmil

982. L'Aubinière, terre franche 1,4
983. L'Aubinière, terre légère, très brûlante ............ 0,7
984. L'Aubinière, terre plutôt forte ............ 1,1

### Pizieux

283. Couasme, terre forte .... 12,0
284. La Dadière, terre forte . 22,7

### Poillé

948. La Molière ............ 2,2
949. Soulinet ............ 2,6
950. La Promenade ............ 0,8

### Poncé

83. L'Orasière, terre franche. 1,6
84. Les Saulaies, terre franche ............ 3,1

### Pont-de-Gennes

613. Le Chardonneret, terre légère ............ 2,1
614. Le Château, terre légère 0,8
615. Les Sablons, terre légère. 0,2
(Réaction acide)
616. La Saulaie, terre légère.. 1,1

### Ponthouin

207. L'Onglée, terre forte .... 1,3
208. La Fosse, terre franche . 1,9
209. Le Grand Parc, terre légère ............ 1,5

### Pontvallain

532. Les Cormiers, terre légère 0,2
(Réaction acide)
533. Les Touches, terre forte, 2,1
534. Le Bourg, terres labourables, terre assez forte.. 1,8
535. Le Bourg, prairies humides, terre assez forte . 3,1

| N°° | CHAUX pour 1.000 |
| --- | --- |

### Précigné

| | |
| --- | --- |
| 424. Les Brossillots, terre légère | 0,8 |
| 425. La Favrie, terre forte .. | 1,6 |
| 426. Au Pâtis, terre franche. | 15,1 |
| Les Mottes | 5,26 |

### Préval

| | |
| --- | --- |
| 755. L'Artiserie, terre argileuse | 2,7 |
| 756. L'Essay, terre légère ... | 1,9 |
| 757. Les Pâtis, terre franche. | 1,1 |

### Prévelles

| | |
| --- | --- |
| 120. Terre du Bourg, terre forte | 3,2 |
| 121. La Bédivière, terre forte. | 0,6 |
| 122. La Tuilerie, terre forte.. | 6,0 |

### Pruillé-le-Chétif

| | |
| --- | --- |
| 305. Sautloup, terre forte .... | 2,7 |
| 306. Sautloup, terre forte .... | 1,9 |
| 307. Le Tertre, terre franche | 0,5 |

### Pruillé-l'Eguillé

| | |
| --- | --- |
| 255. Sambris, terre forte .... | 2,0 |
| 256. Terre du Bourg, terre franche | 1,7 |

### La Quinte

| | |
| --- | --- |
| 683. La Grange | 2,5 |
| 684. Le Beuchot | 3,7 |
| 685. Les Chauvières | 2,1 |

### Rahay

| | |
| --- | --- |
| 954. Le Vieux Coulongé, terre forte | 1,5 |
| 955. La Grâce, terre franche.. | 0,7 |
| 956. Les Aulnais, terre légère | 0,9 |

### René

| | |
| --- | --- |
| 519. La Croix, terre franche.. | 11,0 |
| 520. Jardin de l'Ecole des Garçons, terre franche..... | 2,7 |
| 521. Les Verrières, terre forte. | 1,8 |

### Requeil

| | |
| --- | --- |
| 912. Le Ruisseau | 0,8 |
| (Réaction acide) | |
| 913. Terrain de Bresle ...... | 0,4 |
| (Réaction acide) | |

### Roëzé

| | |
| --- | --- |
| 45. Les Creulais, terre franche | 0,6 |
| 46. Les Vergers, terre forte. | 1,8 |
| 47. Vallée de l'Orne, terre légère | 1,2 |

### Rouessé-Fontaine

| | |
| --- | --- |
| 864. Le Prieuré, terre forte, argilo-calcaire | 59,3 |
| 865. Le Grand-Plessis, terre franche | 2,0 |

### Rouessé-Vassé

| | |
| --- | --- |
| 498. La Touche, terre forte.. | 1,8 |
| 499. La Guittonnière, terre légère | 0,2 |
| (Réaction acide) | |
| 500. Le Plessis, terre franche | 2,7 |

### Rouez-en-Champagne

| | |
| --- | --- |
| 561. Végron | 2,7 |
| 562. Les Bluttières — | 1,4 |
| 563. Le Jardin de l'Ecole.... | 3,2 |
| 08. La Raterie | 2,4 |

### Rouillon

| | |
| --- | --- |
| 962. L'Epicerie | 0,8 |
| 963. Terre du Bourg | 1,2 |
| 964. La Germinière | 5,2 |

### Roullée

| | |
| --- | --- |
| 091. La Garenne, terre argileuse | 1,5 |

### Rouperroux

| | |
| --- | --- |
| 839. La Rue Mallet, terre forte | 4,1 |
| 840. La Gare Boisseau, terre forte | 2,1 |
| 841. La Tuilerie, terre forte. | 43,6 |

| N°° | CHAUX pour 1.000 | | N°° | CHAUX pour 1.000 |
|---|---|---|---|---|

## Ruaudin

743. Le Verger, terre légère.. 0,4
744. Bordigné, terre légère, avec un peu d'argile.. 0,2
(Réaction acide)
745. La Croix, terre franche.. 2,2
0122. Le Petit-Plessis ........ Traces

## Ruillé-sur-Loir

549. Le Linceul ........... 2,0
550. La Fuie .............. 7,5

## Ruillé-sur-Loir

917. Les Fondeux, terre labourable .............. 14,8
918. La Cailletière, terre labourable ............ 2,0
919. Sous les Bois, vignes.... 1,4
920. Là Lorerie (les Arpents), terre labourable ...... 0,9
(Réaction acide)

## Sables

1054. Le Vieil Hêtre, terre douce .................. 2,6

## Sablé

308. Villeneuve, terre légère.. 1.5
309. Le Pont de Vaige, terre forte ............... 1,8
310. Dardennes, terre légère 0,3
044. La Lande ........... 2,3
045. Belle-Noë ........... 1,6
095. L'Yvonnière ......... 5,5
047. Les Courbes .......... 4,6
096. L'Yvonnière ......... 2,6
094. La Jumellerie ....... Traces

## Saosnes

8. Le Petit-Marais ........ 194,0
9. Le Gué-Chaussée ....... 111,0
10. La Blanche-Lande ...... 9,0

## Sarcé

998. La Champronnière ..... 68,8

## Sargé

1024. Champ des Bodards, terre légère ............ 2,9
1025. Champ Jauneau, terre forte ................. 1,3

## Savigné-l'Evêque

234. Le Putau, terre assez forte ................. 3,2
235. La Morillonnière, terre légère ................ 1,6
236. La Gennetière, terre légère .................. 0,5
098. Bellegarde ........... 0,4

## Savigné-sous-le-Lude

199. La Bondonnière, terre légère .............. 0 3
200. Tartifume, terre franche 2,1
201. La Maréautière, terre forte ................. 2,7
043. L'Aunay-Lubin ........ 3,3
042. L'Aunay-Lubin ........ 27,0

## Sceaux-sur-Huisne

701. La Deraserie, terre légère 1.2
702. Les Renardières, terre franche .............. 6,9
703 Les Planches, terre franche ................ 8,1

## Ségrie

442. La Touche-Guilmet, terre forte ................. 2,3
443. Les Grandes-Métairies terre franche ......... 112,0
444. La Dugaserie, terre légère 0,1
(Réaction acide)
099. La Maison d'Ardoise.... Traces

## Ségrie

911. ................... 5,0

## Semur-en-Vallon

39. Les Petites Cesses, terre forte ................. 0,4

| N[os] | | CHAUX pour 1.000 |
|---|---|---|
| 40. | Corméal, terre légère .. | 0,4 |
| 41. | La Guignardière, terre franche .............. | 0,6 |

### Sillé-le-Guillaume

| | | |
|---|---|---|
| 092. | Champ d'expérience, ter-franche ............ | 0,6 |

### Sillé-le-Philippe

| | | |
|---|---|---|
| 847. | Le Chaple, terre légère.. | 1,0 |
| 848. | Ville-Seigneur, terre franche ................ | 8,7 |
| 849. | La Petite-Rouche, terre forte ................ | 5,6 |

### Solesmes

| | | |
|---|---|---|
| 1009. | Les Brûlais, terre brûlan-te et pierreuse, pierre de sable en grande quantité ............ | 3,2 |
| 1010. | Les Brûlais, terre brûlan-tte et mouillante ...... | 0,8 |

### Sougé-le-Ganelon

| | | |
|---|---|---|
| 763. | Fouardière, terre légère. | 2,4 |
| 764. | Le Bois-Ory, terre forte.. | 0,3 |
| 765. | La Bichetière, terre franche ................ | 1,2 |

### Souillé

| | | |
|---|---|---|
| 231. | La Pierre ............ | 0,7 |
| 232. | Au Bourg ............ | 3,0 |
| 233. | La Nicollerie .......... | 1,2 |

(Réaction acide)

### Souligné-sous-Ballon

| | | |
|---|---|---|
| 285. | La Planche, terre franche | 0,2 |
| 286. | La Roche, terre forte.... | 0,3 |
| 287. | Coudray, terre légère... | 0,5 |

### Souligné-sous-Vallon

| | | |
|---|---|---|
| 1017. | Mauperthuis, terre forte, argilo-calcaire ....... | 2,7 |
| 1018. | 5° D - N° 18.......... | 1,4 |
| 1019. | Champ le plus près, Ma-quillé, 5° D.......... | 0,9 |
| 1020. | Le Grand-Champ ...... | 2,1 |

### Soulitré

| | | |
|---|---|---|
| 655. | Le Douve, terre forte.... | 8,7 |
| 656. | La Fauvellière, terre fran-che ................ | 0,4 |

(Réaction acide)

| | | |
|---|---|---|
| 657. | Les Noyers, terre légère.. | 1,8 |

### Souvigné-sur-Même

| | | |
|---|---|---|
| 893. | La Cour, terre forte.... | 0,4 |
| 894. | La Cour, terre franche . | 0,5 |
| 895. | La Cour, terre franche .. | 0,2 |

(Réaction acide)

### Souvigné-sur-Sarthe

| | | |
|---|---|---|
| 788. | Le Grand-Châtelet, terre forte ................ | 6,3 |
| 789. | La Galicherie, terre forte | 4,6 |
| 790. | Les Chouasnières, terre forte ................ | 3,4 |
| 791. | La Perrière, terre forte . | 2,7 |

### Spay

| | | |
|---|---|---|
| 182. | Le Verger, terre franche.. | 2,2 |
| 183. | Les Martrais, terre légè-re ................ | 0,3 |
| 184. | La Pierre, terre légère .. | 1,8 |

### Surfonds

| | | |
|---|---|---|
| 422. | Terre du Bourg, terre franche ............ | 2,2 |
| 423. | Terre du Bourg, terre lé-gère ............... | 1,1 |

### La Suze

| | | |
|---|---|---|
| 999. | Le Bissac, champ de de-vant, terre marnée, brû-lante, durcit à la séche-resse ............... | 2,1 |
| 1000. | Le Bissac, champ de der-rière, terre souple, mouillante, fond sa-bleux ............... | 0,7 |
| 1001. | Haute-Fontaine, terre sou-ple, brûlante ......... | 1,8 |

<table>
<tr><td>N°°</td><td>CHAUX<br>pour 1.000</td><td>N°°</td><td>CHAUX<br>pour 1.000</td></tr>
</table>

### Saint-Aignan

850. Les Maisons-Neuves, terre franche, presque légère ... 4,0
851. Les Boiviers, terre à forte 1,9
852. Du Roi, très forte ..... 12,2
013. La Fuye ............... 3,5

### Saint-Aubin-de-Locquenay

536. La Groulière, terre forte 1,1
537. L'Ouche-Abel, terre franche ................. 13,7

### Saint-Aubin-des-Coudrais

586. La Chauvelière, terre forte, pierreuse (grouas) ... 4,8
587. L'Herminerie, terre légère 1,3
588. La Mousserie, terre franche, légère .......... 0,8
589. Les Forges, terre légère 1,4
*(Réaction acide)*

### Saint-Biez-en-Belin

398. Le Fougeray, terre forte 0,9
399. Le Chêne, terre franche. 2,1
400. La Prunetière, terre légère ................. 0,08
*(Réaction acide)*

### Saint-Calais

249. Les Petites-Blotteries, terre légère ............ 1,1
250. La Chapelle, terre légère 1,1
251. La Rougerie, terre plutôt forte ................. 0,5

### Saint-Calez-en-Saosnois

60. Le Courgimer, terre légère ................. 5,0
61. La Grande-Doigtée, terre légère .............. 9,0
62. Haut-Bourg, terre franche 0,9

### Saint-Célerin

333. Terre du Bourg, terre forte ................. 2,5

### Saint-Aignan

334. Le Jardin de l'Ecole, terre légère ............ 7,8
335. Les Landes, terre légère.. 0,5
*(Réaction acide)*

### Sainte-Cérotte

223. La Chevalerie, terre légère 1,2
224. La Forêt, terre légère .. 1,1

### Saint-Christophe-du-Jambet

738. L'Aître-Châlais, terre franche, Champ du Parc, légèrement argileuse, humide en sous-sol pendant l'hiver ............... 1,1
739. Le Poirier des Berçais, terre légère .......... 0,7
740. Le Grand-Villette, terre forte, très caillouteuse, provient d'un déboisement assez ancien .... 1,0

### Saint-Christophe-en-Champagne

807. La Fuie, terre forte ..... 5,3
808. La Porte, terre forte .... 28,2

### Saint-Corneille

30. Ferme des Caves, terre forte ................. 1,2
31. Ferme de Plaisance, terre franche .............. 25,0
32. Ferme de l'Ormeau, terre légère ............... 0,2

### Saint-Cosme-de-Vair

228. La Motte, terre légère.. 1,4
229. La Pierre-Bise, terre franche .............. 1,7
230. L'Arche, terre forte .... 12,7

### Saint-Denis-des-Coudrais

730. Rougemont, terre forte.. 2,5
731. La Poterie, terre franche 1,4
732. Le Pas-d'Oie, terre légère 0,7
733. Les Prés, terre forte (Prêles) ................. 0,1

| N° | | CHAUX pour 1.000 |
|---|---|---|
| 734. | La Pollinière, terre légère .................. *(Réaction acide)* | 0,5 |
| 735. | Le Portail, terre franche, sous-sol siliceux ...... | 0,9 |

### Saint-Denis-d'Orques

| N° | | CHAUX pour 1.000 |
|---|---|---|
| 674. | A Valifer ............... | 6,1 |
| 675. | La Bruyère ............ | 2,7 |
| 676. | A Beurreloup ......... | 1,9 |

### Saint-Georges-de-la-Couée

| N° | | CHAUX pour 1.000 |
|---|---|---|
| 191. | Saint-Fraimbault, terre forte ................. | 8,0 |
| 192. | La Martinière .......... | 2,0 |
| 0106. | Le Grand-Boulay ....... | 0,5 |

### Saint-Georges-du-Bois

| N° | | CHAUX pour 1.000 |
|---|---|---|
| 936. | Terre du Bourg, terre argileuse ............... | 3,5 |
| 937. | Terre du Bourg, terre sableuse ............... | 1,4 |
| 938. | Champ du Bourg, terre à chanvre .............. | 2,0 |

### Saint-Georges-du-Rosay

| N° | | CHAUX pour 1.000 |
|---|---|---|
| 568. | La Mousse, terre légère.. | 1,4 |
| 569. | Le Rosay, terre forte.... | 3, 5 |
| 570. | Le Tronchet, terre forte. | 4,7 |

### Saint-Georges-le-Gaultier

| N° | | CHAUX pour 1.000 |
|---|---|---|
| 451. | La Basse-Morinière, terre franche ............... | 2,9 |
| 452. | Le Plessis, terre légère.. | 2,1 |
| 453. | La Touche, terre franche, légère ............... | 1,4 |

### Saint-Germain-d'Arcé

| N° | | CHAUX pour 1.000 |
|---|---|---|
| 404. | La Haute-Vernelle, terre forte ................. | 3,4 |
| 405. | La Poussinière, terre franche .............. | 2,1 |
| 406. | La Haie-Cudière, terre légère ............... | 1,5 |

### Saint-Germain-de-la-Coudre

| N° | | CHAUX pour 1.000 |
|---|---|---|
| 707. | Le Gravier, alluvions ... | 2,9 |
| 708. | La Hutte, terre légère... | 1,1 |
| 709. | Le Bourg, terre franche. | 23,8 |
| 010. | Le Haut-Bray ........... | 1,0 |

### Saint-Germain-du-Val

| N° | | CHAUX pour 1.000 |
|---|---|---|
| 290. | La Goillardière, terre forte ................. | 2,5 |
| 291. | Gabonnay, terre forte... *(Réaction acide)* | 0,08 |
| 292. | La Meslière, terre forte . *(Réaction acide)* | 0,02 |

### Saint-Gervais-de-Vic

| N° | | CHAUX pour 1.000 |
|---|---|---|
| 342. | Le Boulay, terre forte.. *(Réaction acide)* | 0,5 |
| 343. | La Bosselière, terre légère ............... | 1,5 |

### Saint-Gervais-en-Belin

| N° | | CHAUX pour 1.000 |
|---|---|---|
| 204. | La Poussinière, terre légère ............... | 0,7 |
| 205. | La Pintière, terre forte. *(Réaction acide)* | 0,8 |
| 206. | Terre du Bourg, terre légère ............... | 0,2 |

### Saint-Hilaire-le-Lierru

| N° | | CHAUX pour 1.000 |
|---|---|---|
| 1061. | Le Mahot, terre de plateau, de grouas contenant des cailloux .... | 2,4 |
| 1062. | Les Tailles, terre franche | 2,8 |

### Sainte-Jamme

| N° | | CHAUX pour 1.000 |
|---|---|---|
| 299. | La Ménagerie, terre franche .............. | 0,5 |
| 300. | Les Pâtis, terre légère.. *(Réaction acide)* | 0,3 |
| 301. | La Galazière, terre forte. | 1,8 |

### Saint-Jean-d'Assé

| N° | | CHAUX pour 1.000 |
|---|---|---|
| 602. | Les Hogues, terre forte, terrain marécageux .. | 1,5 |
| 603. | Le Châtelier, terre légère, inculte, bois ......... | 0,3 |
| 604. | Le Breteau, terre franche | 5.3 |

| N° | | CHAUX pour 1.000 |
|---|---|---|

## Saint-Jean-de-la-Motte

970. La Croix-Blanche, terre siliceuse ............. 0,2
(Réaction acide)
971. Broussy, terre silico-calcaire .............. 0,7
972. La Fuie, terre franche.. 0,5
(Réaction acide)

## Saint-Jean-des-Echelles

861. Les Fonds.............. 1,4
(Réaction acide)

862. Terre des Plateaux...... 2,3
863. Terre des Pentes ....... 0,6
(Réaction acide)

## Saint-Jean-du-Bois

695. La Lande du Grand-Moussu .............. 1,2
696. La Lande du Petit-Moussu ................... 0,7
697. La Houssaye ........... 1,2

## Saint-Léonard-des-Bois

373. La Joussière, terre légère 0,7
374. La Jarrière, terre franche 3,4
375. Saint-Laurent, terre légère ................... 0,9
376. Saint-Laurent, terre argileuse ................. 2,1
377. Saint-Laurent, terre sablonneuse ........... 0,3
(Réaction acide)

## Saint-Longis

914. Le Prieuré, Grande-Vigne, terre forte ....... 136,0
915. Marcoué, terre forte.... 220,0
916. Le Rutin, Friche des Brosses, terre légère .. 125,0

## Saint-Maixent

1011. Les Bouteillères, terre douce, brûlante et mouillante ............ 1,2
1012. Les Bouteillères, terre maussade, mouillante et brûlante ............ 1,7

## Saint-Marceau

752. A la Mousserie, Croix du Moulin-Neuf, terre forte ................... 3,1
753. Bienville, terre franche. 1,9
754. Beauvais, terre légère ... 2,4

## Saint-Mars-de-Locquenay

642. Le Grand-Breil, terre légère ................. 1,7
643. La Robillardière, terre forte ................... 2,2

## Saint-Mars-d'Outillé

311. Cormier, terre franche . 0,4
312. La Bretèche, terre légère 0,5
(Réaction acide)
313. La Croix, terre légère .. 0,5

## Saint-Mars-la-Brière

799. Glatigné, terre légère ... 0,5
(Réaction acide)
800. Bourg-Neuf, terre légère . 0,9
801. La Hailerie, terre argilo-siliceuse .............. 2,0
(Réaction acide)

## Saint-Mars-sous-Ballon

483. La Fontaine, terre franche 2,3
484. Le Verger, terre franche 2,1
485. La Coudraie, terre légère 3,9

## Saint-Martin-des-Monts

593. L'Arche, terre franche . 4,1
594. Bas-Bourg, terre forte .. 2,1
595. La Roche, terre légère .. 0,7
Bord'hué ............. 15,34

## Saint-Michel-de-Chavaignes

868. Le Charme, terre genre Bournais ............. 0,6
869. Les Maisons-Neuves, terre légère ................. 1,1
870. Les Vallées, terre forte de qualité médiocre ... 2,6

| N° | CHAUX pour 1.000 |
| --- | --- |

### Sainte-Osmane

395. Le Jardin de l'Ecole, terre forte .................. 10,8
396. La Haute-Jouannière, terre forte ............. 3,2
397. Les Saules, terre forte.. 0,01
(Réaction acide)

### Saint-Ouen-de-Mimbré

510. Les Prés ............... 17,0
511. La Courcière ........... 0,7
512. Les Marchés ........... 2,5

### Saint-Ouen-en-Belin

1065. Les Fouquerellies, terre douce ............... 0,4
(Réaction acide)
10666. Les Fouquerellies, terre forte ............... 2,0
1077. Le Chardonneret, terre légère ............... 2,6
1078. Le Grimault, terre forte 1,1
1079. Le Grimault, terre franche ............... 2,0

### Saint-Ouen-en-Champagne

1038. Champ de la Vigne, bonne terre facile ........ 4,3
1039. Pré des Foires, terre humide, ingrate ....... 11,7
1040. Champ du Pôle Nord, terre légère, sablonneuse ............... 2,8

### Saint-Paterne

973. Les Communes ....... 1,2
974. La Plaine ........... 4,8
975. Ozé .................. 0,9

### Saint-Paul-le-Gaultier

105. La Hoctière, terre forte.. 2,5
106. La Huronnière, terre assez forte ............. 0,9
107. Mongondouin, terre plutôt forte ............. 0,6

### Saint-Pavace

991. Le Breil, terre forte dans dans la vallée ........ 2,3
992. Le Breil, terre silico-argileuse, froide ......... 0,8
993. Le Breil, sable graveleux, terre légère .......... 1,4

### Saint-Pierre-de-Chevillé

85. Terre du Bourg, terre légère, silice ............ 0,8
86. La Riveterie, terre légère 1,4
89. La Marousellière, terre franche ............... 0,9

### Saint-Pierre-des-Bois

942. Terre du côté de Chantetenay ............... 3,0
943. Terre du côté de Saint-Christophe-en-Champagne ............... 238,0
944. Terre du côté de Vallon 1,7

### Saint-Pierre-des-Ormes

713. La Croix, terre franche. 3,5
714. L'Etang de Chanay, terre forte ............... 2,1
715. Le Carrefour, terre légère ............... 11,7

### Saint-Pierre-du-Lorouër

54. La Créponnière, vallée du Vau, terre forte ...,.... 7,0
55. Malherbe, sur le plateau terre franche .......... 0,4
56. L'Œnelière. sur plateau, terre franche .......... 0,8

### Saint-Rémy-de-Sillé

48. Bon Pain, terre légère.. 1,3
49. Launay, terre légère .... 8,0
50. La Maladrerie, terre forte 1,6
51. L'Etachère, terre forte.. 92,0
52. Le Prieuré, terre franche 1,6

| N°° | CHAUX pour 1.000 |
| --- | --- |

## Saint-Rémy-des-Monts

349. Le Moulin de Contrelles. 185,0
350. Le Moulin de Contrelles. 92,0
351. La Pillerie ............. 225,0

## Saint-Rémy-du-Plain

455. Terre du Bourgg, terre
    légère ............... 2,5
456. Terre du Bourg, terre lé-
    gère ............... 3,2

## Saint-Rigomer-des-Bois
### Courtilloles

1093. L'Ouche-de-Montliou ter-
    re franche ........... 2,7
1094. Taillis du Mohan, terre
    légère ............... 0,5
1095. Parc aux Vaches, terre
    franche ............. 2,8
034. Les Vingt-Jours ........ 1,7
033. Les Ormeaux .......... 4,4

## Sainte-Sabine

302. La Piogerie, terre franche 1,1
303. La Groie, terre forte ... 2,7
304. Fournier, terre légère .. 0,3

## Saint-Saturnin

809. L'Arche, terre franche . 2,1
810. Les Brosses, terre légère. 2,0
811. Le Petit-Maulé, terre for-
    te .................... 3,6
097. Le Chatelay ........... Traces

## Saint-Symphorien

179. La Gloterie, terre franche 3,8
180. La Fossardière, terre for-
    te .................... 0,6
181. L'Aulne, terre forte .... 0,3

## Saint-Ulphace

339. Le Grand-Beaumont, ter-
    re forte ............. 2,1
340. La Moussardière, terre
    forte ............... 1,8
341. La Brançonnière, terre
    franche ............. 2,4

| N°° | CHAUX pour 1.000 |
| --- | --- |

## Saint-Victeur

171. Les Bruyères, terre légère 0,6
172. Le Rocher (Champ de la
    Groie, terre un peu
    forte ................ 52,0
173. Le Petit-Champagne, ter-
    re franche ........... 3,7

## Saint-Vincent-des-Prés

12. Ferme d'Illette ........ 180,0
13. Ferme du Ruisseau .... 126,0
14. Ferme de la Fiselière... 4,9
B15. Ferme de l'Orcière ..... 1,2

## Saint-Vincent-du-Lorouër

370. La Moisemare, terre for-
    te ................... 2,9
371. La Cormerie, terre forte 1,7
372. Le Héron, terre franche. 2,2

## Tassé

692. La Barbottière, terre fran-
    che ................. 2,4
693. La Planche ............ 5,2
694. Les Jaunais, terre forte 3,8

## Tassillé

196. La Maison-Neuve, terre
    forte ................ 2,1
197. Mont-Héber, terre forte. 5,2
198. Teillau, terre plutôt lége-
    re ................... 0,8

## Teillé

551. La Barre, terre forte .... 3,5
552. La Casserie ........... 4,7

## Teloché

546. La Parentière, terre lége-
    re .................. 1,8
547. Les Ardriers, terre fran-
    che ................. 3,1
548. La Cochinière, terre forte 1,5

| N°° | | CHAUX pour 1.000 | N°° | | CHAUX pour 1.000 |
|---|---|---|---|---|---|

**Tennie**

| 629. | La Corbinière, terre forte | 2,1 |
|---|---|---|
| 630. | La Malatteinte, terre franche | 4,3 |

**Terrehault**

| 994. | Ferme de la Faulaie, terre douce, légère, mouillante et brûlante | 2,1 |
|---|---|---|

**Terrehault**

| 154. | Grandes Haies, terre franche | 0,8 |
|---|---|---|
| 155. | La Batellerie, terre forte | 3,5 |
| 156. | La Poterie, terre légère | 0,2 |
| | (Réaction acide) | |
| 017. | La Métairie | 3,6 |

**Thoigné**

| 934. | La Gandelée (pré) | 9,1 |
|---|---|---|
| 935. | La Noée de la Cure, terre labourable | 4,1 |

**Thoiré-sous-Contensor**

| 957. | Le Moulin, terre forte | 15,3 |
|---|---|---|
| 958. | Marais de Thoiré, terre légère | 0,8 |
| 959. | Pré à l'Avoine | 0,4 |
| 960. | Grand Clou | 1,2 |
| 961. | Haies Rousseau | 4,5 |

**Thoiré-sur-Dinan**

| 608. | Le Genetay, terre franche | 2,2 |
|---|---|---|
| 609. | Les Forges, terre forte (argileuse) | 2,9 |
| 610. | Les Bulaires, terre très franche | 1,8 |

**Thorée**

| 436. | L'Imbaudière | 0,1 |
|---|---|---|
| | (Réaction acide) | |
| 437. | Les Coutelleries | 5,7 |
| 438. | Le Chemin de la Croix | 1,8 |

**Thorigné**

| 33. | Les Haies, terre forte | 1,4 |
|---|---|---|
| 34. | La Barre, terre légère | 10,0 |
| 35. | La Cosserie, terre argilo-calcaire | 1,1 |

**Torcé-en-Vallée**

| 296. | La Grange, terre légère | 0,1 |
|---|---|---|
| 297. | Les Bas, terre forte | 3,0 |
| 298. | Bois Oliviers, terre légère | 0,08 |

**Trangé**

| 874. | La Blinière, terre légère | 1,0 |
|---|---|---|
| 875. | Le Gasceau, terre légère | 0,7 |
| 876. | La Sansonnière, terre sablonneuse | 1,4 |
| 877. | La Balonière, pré marécageux | 0,8 |
| | (Réaction acide) | |
| 878. | La Drouerie, prairie naturelle | 1,1 |

**Tresson**

| 246. | La Râturière, terre marneuse | 32,0 |
|---|---|---|
| 247. | La Hubinière, terre légère (sable) | 1,7 |
| 248. | La Petite Bonardière, terre argilo-siliceuse | 1,4 |
| 107. | La Vigne | 0,2 |

**Le Tronchet**

| 978. | Champ de la Pimprenelle, sol fertile, mais aride lés années sèches | 1,1 |
|---|---|---|
| 979. | Champ de la Grouas | 0,9 |
| 980. | Champ de la Grande-Croix | 2,3 |

**Tuffé**

| 57. | La Garenne - Champ du Bois, terre franche | 12,0 |
|---|---|---|
| 58. | Le Voisin, terre forte | 45,0 |
| 59. | Des Tailles, terre légère | 6,0 |

| N° | | CHAUX pour 1.000 |
|---|---|---|

### Vaas

658. Les Planches, terre légère  1,8
659. Les Nielleries, terre légère ....................  3,1
660. L'Aunay, terre légère ...  -0,2
(Réaction acide)

### Le Val

1055. Terre du Bourg, terre
franche .............  3,7

### Valennes

141. La Cailletière, terre forte  2,3
142. Moulins-Neufs, terre légère ................  0,4
143. Terre du Bourg, terre
franche .............  2,2

### Vallon-sur-Gée

577. Petit-Béru, terre forte...  1,3
578. Guiberne, terre franche.  1,1
579. Clos-Verdier, terre franche ................  20,9

### Vancé

556. La Joubardière, La Vallée des Thermaux, Bel-
levue ..............  2,9
557. L'Antinière, la Pigaillère  3,5
558. La Loutière, La Pilotière  3,4

### Verneil-le-Chétif

749. La Poetonnerie, terre forte ................  17,5
750. Le Pinson, terre forte ...  9,1
751. Bellyvien, terre forte ..  2,7

### Vernie

881. Champ du Bourg ......  18,2
882. Hauteur de Saint-Eloi, vignes cultivées ........  0,8
883. V i g n e s  complètement
abandonnées (St-Eloi) .  0,6

### Verron

727. La Montaudière, terre
franche .............  2,0

### 728. La Promenade, terre lé-
gère ................  1,0
729. Rougemont, terre forte..  0,8

### Vezot

1058. La Grouas, terre forte,
argile rouge .........  28,0

### Vibraye

330. Château .............  0,6
(Réaction acide)
331. Château ............  2,7
332. La Vieille Tuilerie ......  1,1

### Villaines-la-Carelle

126. La Métairie ...........  5,2
127. Petit-Tessé ...........  280,0
128. Guéranguier ..........  6,7

### Villaines-la-Gosnais

845. Grand-Beauchamp, terre
assez légère, sous-sol
argileux et caillouteux.  0,2
(Réaction acide)
846. Moulin de Villaines, terre forte .............  26,9
1021. Champdurand, terre forte et franche .........  3,7

### Villaines-sous-Lucé

324. Les Loges, terre légère..  0,5
325. Ferme du Bourg, terre légère ................  0,5
326. La Corbinière, terre légère ................  0,6

### Villaines-sous-Malicorne

111. Champ, terre franche ..  5,8
112. Roche-Simon, terre forte  3,1
113. Poverdière - des - Vignes,
terre légère ..........  0,6
(Réaction acide)

### Vion

352. La Normandière, terre
légère ..............  1,5

| N°° | | CHAUX pour 1.000 |
| --- | --- | --- |

353. Le Coudray, terre forte.   5,7
354. Le Jardin, terre légère .   3,2

### Viré-en-Champagne

746. Ferme de Fau ........   3,0
747. La Promenade ........   37,0
748. La Poterie ........... ..   12,0

### Vivoin

389. La Belle-Rivière, terre as-
     sez forte ..............   0,7
390. La Haute-Folie .........   1,3
391. Ferme de Villiers .....   2,7
392. Les Lierres ...........   1,5

### Voivres

661. Les Courtrus, terre légère   2,5
662. Les Vignes, terre forte..   1,7

### Volnay

716. Le Verger, champ de la
     Grange, terre franche..   1,7
717. Le Verger, champ de l'Oi-
     selerie, terre légère ..   7,3
718. L'Aumônerie, terre fran-
     che ..................   0,9
719. Le Chêne Blanc, terre
     franche .............   2,7

720. Les Ratiers, terre fran-
     che .................   2,0

### Vouvray-sur-Huisne

884. Les Granges ...........   25,2
885. Les Groies .............   10,8
886. Le Poirier .............   7,1

### Vouvray-sur-Loir

766. Les Hauts (sur le coteau)   2,1
767. La Vallée (très caillouteu-
     se) ....................   85,7

### Yvré-le-Pôlin

77. L'Ouvrardière, terre légè-
     re ....................   0,9
78. La Touche, terre franche   6.4
79. La Réglanière, terre for-
     te ....................   1,1

### Yvré-l'Évêque

74. Le Rocher, terre légère et
     humide ..............   5,2
75. La Petite Salle, terre lé-
     gère ............... ..   0,6
76. La Vallée ........... ..   6,1

# CONCLUSIONS

C'est en opérant sur plus d'un millier d'échantillons, prélevés dans toutes les communes du département que nous avons essayé de mettre en lumière les besoins des différentes natures de terre.

Ce travail nous a permis de constater :

1° Que sur 1.070 échantillons analysés, 105 (soit 9,8 pour cent) se sont révélés acides au procédé Comber. A propos de ces échantillons acides, nous avons remarqué :

a) Une répartition quelconque indépendante de la région géologique, sauf cependant en ce qui concerne les terres de groies de la Champagne Mancelle et des formations identiques ;

b) Une teneur faible en chaux (en général moins de 1 pour mille, jamais plus de 3 pour mille) ;

2° Que 838 échantillons (soit 76,4 pour cent), présentaient une réaction neutre ou alcaline avec une teneur en chaux inférieure (souvent de beaucoup) à 5 pour 1.000, c'est-à-dire inférieure aux moyennes le plus communément admises ;

3° Que 127 échantillons seulement, soit 14,8 pour cent ont une teneur en chaux suffisante.

Ces résultats nous montrent que **PLUS DE 80 POUR CENT DES TERRES DE LA SARTHE ONT BESOIN D'ÊTRE CHAULÉES.**

Les terres qui sont acides, ou à très faible teneur en chaux (moins de 3 pour 1.000) recevront avantageusement un chaulage de fonds, en outre des chaulages d'entretien ; celles qui ont une teneur voisine de 5 pour 1.000, des chaulages d'entretien.

Bien entendu, les doses à employer seront conditionnées à la nature des sols ; les terres devant recevoir d'autant plus de chaux qu'elles sont plus argileuses.

Quant aux teneurs moyennes des sols en éléments fertilisants, en s'en tenant aux principales catégories de terres, elles nous permettent de préciser les points suivants :

## A. — DANS LES TERRES ARGILEUSES

Les teneurs moyennes en azote varient de 0,9 à 2,7.

Les argiles à silex de la région de Saint-Calais, se classant parmi les plus pauvres, justifient ainsi de hautes doses d'engrais azotés.

Les teneurs moyennes en acide phosphorique, qui sont pratiquement les mêmes (soit de 0,3 à 0,4), sont tout à fait insuffisantes et nécessitent un large emploi des engrais phosphatés.

Les teneurs moyennes en potasse qui varient de 2,5 à 3,5 sont satisfaisantes et conduisent à recommander surtout l'emploi des engrais potassiques pour les cultures qui en sont très exigeantes, comme les cultures de racines et de tubercules. (A noter que le chaulage aura pour effet de mobiliser et de rendre plus assimilable une partie de la potasse de ces terres).

Les teneurs moyennes en chaux, qui sont toujours très faibles (1,06 à 3,3) devront être compensées par des chaulages de fonds suivis périodiquement des chaulages d'entretien.

## B. — DANS LES TERRES SABLEUSES

Les teneurs moyennes varient :

En azote, de......     1,2  à 1,9
En acide phosphori-
   que, de .........   0,2  à 0,3
En potasse, de ....    0,5  à 1,0
En chaux, de.....      0,4  à 2,1

Soit une très grande pauvreté en acide phosphorique, une pauvreté marquée en potasse et une teneur insuffisante en chaux, justifiant, pour ces terres légères, des chaulages légers et répétés et l'emploi régulier d'engrais complets.

## C. — DANS LES TERRES FRANCHES

Les teneurs moyennes varient :

En azote, de.......    1,4  à 1,6
En acide phosphori-
   que, de .........   0,37 à 0,38
En potasse, de ....    1,4  à 2,9
En chaux, de ......    1,5  à 2,5

Soit une composition intermédiaire entre les deux catégories de terre précédentes, justifiant des fumures toujours riches en acide phosphorique, avec apport de potasse et chaulages de fonds et d'entretien.

## D. — DANS LES TERRES DE GROIES CALCAIRES

Les teneurs moyennes sont de :

En azote ................    1,5
En acide phosphorique....    0,7
En potasse................    1,5
En chaux.................    93,3

Soit une richesse à peine suffisante, toujours au-dessous de la moyenne pour l'acide phosphorique et la potasse, et justifiant l'emploi de fumures complètes sans que, cette fois, il soit nécessaire d'avoir recours au chaulage.

En résumé, la pauvreté des sols de la Sarthe en acide phosphorique, est tout à fait générale, c'est elle qui est la cause de la verse des céréales qui est si fréquente dans le département.

**Aucune culture ne doit être entreprise sans apport d'engrais phosphatés,** même avec de fortes fumures au fumier de ferme. Il en est de même dans la plupart des cas, au sujet de la chaux, et nombre de terres sont déjà arrivées au stade de l'acidification. Le **chaulage doit donc être la grande amélioration culturale qu'il faut réaliser sans tarder,** puisque les engrais ne peuvent produire leur plein effet que dans un sol suffisamment riche en chaux.

Quant à la potasse, si l'emploi doit en être généralisé, **les engrais potassiques seront surtout un facteur essentiel de l'augmentation des rendements dans toutes les terres sableuses et dans les terres de groie.**

**

Nous laisserons aux Services Agricoles le soin d'entrer dans les détails d'application des engrais et des amendements, qui ne sont pas de notre compétence.

Et, avant de clore cette étude, il paraît utile de mentionner que les nombreux résultats d'ensemble qui ont été publiés ne constituent qu'une ébauche qui demande à être complétée.

Ce qui a été fait pour le département, devrait être fait pour chaque commune, mais c'est là une œuvre de longue haleine, qui demande du temps et des moyens.

Pour bien faire, il conviendrait de multiplier encore les analyses et c'est le conseil que nous donnerons pour terminer, aux agriculteurs qui désirent employer judicieusement les engrais.

9 782329 043340